General Report of Special Intelligence of
the Bureau of Investigation and Statistics, 1939

諜報戰

軍統局特務工作總報告　*1939*

蘇聖雄　主編

導言

蘇聖雄
中央研究院近代史研究所助研究員

—

　　1939 年 6 月間,兩位名叫平福昌、譚寶義者,在上海遭到拘捕,經嚴刑拷訊,至於肢體殘廢,但他們甚麼都沒說。同年 12 月,一位叫劉戈青者,於上海遭到誘綁,經威脅利誘,矢志不屈,曾送出密函,發誓絕不以任何條件,換取個人安全。又有一位名叫袁良驥者,在上海被誘綁,施刑者以燃燈用的煤油(火油)灌鼻,並不斷拷打,他也甚麼都沒說,反作血書以明志:

> 易水空餘恨,成仁待斷頭,
> 丹心衛黨國,碧血濺洪流,
> 任教橫誹謗,精忠不自休,
> 願為越勾踐,不作洪承疇,
> 鐵窗羈病體,瀝血表貞操。

　　這些人究竟做了甚麼事,以致遭到嚴刑逼供?他們又為何什麼都不透露?是如何造成的意志,使他們身陷圇圄,遭到精神、肉體的摧殘,仍願犧牲,堅不吐實?

　　他們的身分是一群情報人員,在大名鼎鼎(或惡名昭彰)的「軍統局」工作,執行外勤工作時被敵方逮

捕。關於軍統局的形象，可能更多是這群情報人員迫
害、刑求他人，對於中國共產黨員的殘殺，或是在臺灣
造成諸多冤案、錯案、假案，是白色恐怖的執行者。這
固然是軍統局的一面，但其實這群情報人員亦有涉危履
險、出死入生之一面，欲深入了解，當探究軍統局這個
機構存在之本原與運作之實況。

　　話說，情報組織的歷史，幾乎與人類文明一樣悠
久。西元前 6000 年，美索不達米亞（Mesopotamia）的
西亞文明便曾建立間諜及情報人員與機構。中國很早便
出現常設性的情報組織，如明朝的錦衣衛與東廠。西方
常設情報機構之肇始，為民族國家興起之後，隨著官僚
組織的建立，常備軍和職業外交官出現，情報機構遂於
戰爭規模不斷擴大之際建立；其重要性，輕者關乎社會
穩定，重者聯繫國家之危亡存續。

　　國民政府的軍事情報組織，始於 1928 年 1 月，時
蔣中正復任國民革命軍總司令，戴笠奉命以國民革命軍
總司令部聯絡參謀名義，負責隸屬該部之密查組的工
作，專司北伐前線軍事情報之調查蒐集。1932 年，相
關組織擴大為三民主義力行社「特務處」。同年 9 月，
軍事委員會成立調查統計局，以陳立夫為局長，下設三
處，第一處處長徐恩曾，專責黨派調查；第二處處長戴
笠，負責軍警調查；第三處處長丁默邨，主管郵電檢
查。「特務處」劃歸該局，成為該局之第二處。抗戰爆
發次年的 1938 年 8 月，調查統計局改組，三處分立為
獨立情報組織，原第一處改為中國國民黨中央執行委員
會調查統計局（中統局），第二處擴大為軍事委員會調

查統計局（軍統局），後者及其前身「特務處」，即本
系列史料之對象。

　　過去的情報史研究，受限於史料，常侷限於當事人
的回憶。2010 年，國防部軍事情報局與國史館合作研
究與出版軍事情報史，經過洽商，國史館將該局部分史
料整理、編目並數位化，是為《戴笠史料》、《國防部
軍事情報局檔案》兩個全宗。國史館並且依重要議題挑
選史料，出版《戴笠先生與抗戰史料彙編》（6 冊），[1]
復以此為契機，邀集學者運用這批新史料進行研究，召
開學術研討會，會後集結各篇論文，出版《不可忽視的
戰場：抗戰時期的軍統局》。[2] 除了與國史館合作，軍
事情報局另有部分檔案移交國家發展委員會檔案管理
局，是為《國防部軍事情報局》全宗，這批檔案對於抗
戰時期軍統局與中美合作所的相關研究，具相當價值。
檔案的刊布，帶出了一批情報史研究成果。[3] 本系列兩
冊史料的出版，即延續此一取向，期望藉一手史料的刊
布，吸引更多學人投入相關研究。

二

　　本系列第一冊為特務處 1937 年的工作總報告，出

1　吳淑鳳等編輯，《戴笠先生與抗戰史料彙編》（臺北：國史館，
　　2011-2012），共 6冊，各冊主題為軍事情報、經濟作戰、忠義救
　　國軍、中美合作所的成立、中美合作所的業務、軍統局隸屬機構。
2　吳淑鳳、張世瑛、蕭李居編輯，《不可忽視的戰場：抗戰時期的
　　軍統局》（臺北：國史館，2012）。
3　蘇聖雄，〈從軍方到學界：抗戰軍事史研究在臺灣〉，《抗日戰
　　爭研究》，2020年第 1期，頁 153-154。

自國史館藏《蔣中正總統文物》，典藏號：002-
080200-00611-001，原件封面載「特務處工作總報告民
國二十六年份」，連同封面、目錄共 128 頁。為特務處
處長戴笠總結一年來之工作，呈送給軍事委員會委員長
蔣中正的報告。由於戴笠為蔣中正擔任校長的黃埔軍校
第六期畢業生，故報告內自稱為「生」（學生），對蔣
中正則敬稱為「鈞座」。

　　1937 年初國民政府正忙於西安事變的善後，7 月盧
溝橋事變爆發，中日兩國旋即邁向全面戰爭。這一年無
疑是中國現代史上關鍵的一年。特務處作為國民政府主
要軍事情報組織，於是年中擴大，以面對大規模戰爭所
需。在總報告中，可以看到特務處的變動過程，以及改
組後的組織人事、情報、行動、警務、郵電檢查、緝
私、電訊交通、司法，以及次年的工作計畫。

　　本系列第二冊為軍統局 1939 年的工作總報告，
亦出自國史館藏《蔣中正總統文物》，典藏號：002-
080200-00612-001，原件封面載「軍事委員會調查統計
局民國二十八年工作總報告」，連同封面、目錄共 162
頁。當時特務處已於前一年改組，從軍事委員會調查統
計局的第二處，獨立成一個局，仍稱軍事委員會調查統
計局。軍事委員會辦公廳主任賀耀組兼任軍統局局長，
戴笠擔任副局長負實際責任，故此一 1939 年總報告，
仍是以戴笠作第一人稱呈報給蔣中正。

　　在國史館的《戴笠史料》全宗中，〈戴公遺墨－
組織類（第 3 卷）〉卷內（典藏號：144-010105-0003-
019），可見此一總報告的初擬手稿，與完成後繕就上

呈的總報告相較，手稿雖為戴笠親筆，但內容較不完整，而且沒有完稿後的豐富圖表。

1939 年雖未若 1937 年全面戰爭爆發之年的關鍵，於戰局發展過程，實亦為不可忽視的一年。前一年 10 月，武漢會戰結束，中國軍戰略進入第二期「持久戰時期」；此前第一期自開戰至武漢會戰為「守勢時期」。第二期的中國軍戰略，在於連續發動有限度之攻擊及反擊以消耗日軍，並發動日軍占領地的游擊戰，阻礙日軍之統治與對物資之擷取；此一時期「政治重於軍事」、「情報重於判斷與想像」，注重挑選諜報工作人員，分析實際環境，制定各種工作計畫，情報工作之重要性益發浮現。

是年軍統局工作之實施，乃依據去年所定的工作計畫。一面擴展有關軍事之情報，以供軍事委員會委員長蔣中正定謀決策之參證，一面在日本占領區加強行動與破壞，制裁重要漢奸，摧毀附日政權，及破壞日方交通，毀壞其資源，藉以打擊日軍之作戰能力。在國民政府統治所及的區域，軍統局則注意漢奸、間諜之防範與肅清、反動之鎮壓、貪污之檢舉，以安定後方秩序，保衛蔣中正個人安全，強化抗戰建國之信念。

三

兩冊總報告一名「特務處工作總報告民國二十六年份」、一名「軍事委員會調查統計局民國二十八年工作總報告」，系列書名統合兩份報告之稱，名為「諜報戰：軍統局特務工作總報告」，書中乘載著豐厚的軍統

局特務工作內幕訊息。

　　組織人事方面，情報工作極為秘密，其組織與人事亦屬絕對機密，名單若為敵方所獲，往往使情報網瓦解，嚴重影響情報工作的推動。本系列總報告完整揭露軍統局內外勤組織、人員名單，對於人員年齡、籍貫、學歷皆以豐富的圖表呈現。情報人員為便於活動，常有一公開身分，總報告亦予揭露，軍統局布置在參謀本部、縣政府、民政廳、財政廳、各警察局署、各保安處、郵電檢查所之人員，皆有名單，並列述其工作目的與方法。

　　人員訓練方面，蔣中正個人極其重視訓練工作，其擔任校長之黃埔軍校為一顯例。在特務處時期，便辦有內勤公餘外國語補習班、杭州電務訓練班、電務人員業餘訓練班、譯電訓練班、甲種特務訓練班、乙種特務訓練班、臨時特務訓練班。1938年底，蔣中正指示軍統局將擴大、加強訓練列為主要工作計畫之一。軍統局之訓練，以精神為主、技術為輔，規定精神方面須養成刻苦耐勞與犧牲奮鬥之風尚；技術方面，力求適合實際之需要與工作科學化兩點。精神科目以總理遺教及蔣中正的言行為主，旁及歷代民族英雄傳記。特工之一般技術，如密碼、秘密通訊、軍事學、情報學、行動要領、手槍射擊等，亦為各班所共習。1939年軍統局自辦之訓練班，計有中央警官學校黔陽特種警察訓練班、中央警官學校蘭州特種警察訓練班、諜報人員訓練班、外事訓練班、特種技術人員訓練班、特種偵查訓練班、仰光特別訓練班。

　　業務推動方面，主要在情報、行動、警務、郵電檢查、緝私、電訊交通、司法等部分。軍統局雖屬「軍事」情報組織，其獲取情報之範圍並不限於此，包括敵情偵查、漢奸偵查、國際情報、貪汙不法之檢舉、各黨派（中共在內）的調查，軍事情報僅為其一。情報而外，尤要者為「行動」，也就是運動偽軍反正、法辦違法人士、破壞敵方設施、襲擊敵軍，最受人注目的是所謂「制裁」，也就是暗殺行動。1939 年的總報告將該年制裁者列表，呈現制裁對象、承辦區站組、制裁月日、制裁方法、制裁地點、制裁結果。例如，1939 年 1 月 8 日，制裁漢奸林柏生，他是《南華日報》主筆，因鼓吹投敵言論遭到制裁，軍統局承辦者為香港區，制裁方法是「鐵鎚鐵棍猛擊」，制裁地點在香港德輔道屈臣氏藥房側巷口，最後導致林柏生重傷；不過，行動員陳實（陳錫昌）被捕，後來在香港獄中，與其他犯人口角遭到擊斃。

　　自我檢討方面，由於總報告為戴笠向蔣中正說明軍統局一年來的工作成果及檢討，因此可見軍統局的自我省視。以 1939 年來說，軍統局提供蔣中正及中央軍事機關大量敵情、軍事、敵偽、漢奸、國際情報，為當局所重視，指派專人研究，有助戰局的判斷。然而軍統局的工作組織日形擴展，幹部卻不敷分配，指導督察均未臻完善，新進人員既多，工作尚未能深入。且性質類似之組織，如中統局多所遷制，政府機關與中國國民黨之組織不能便利運用。又因各地生活之高昂，工作人員待遇之微薄，致情緒低落者有之，思想轉變者有之。至於

高級情報人員的吸收與行動、對象內線的運用，一則因
當時特務工作，人尚視為畏途，一則因軍統局之經費支
絀，時有妨礙工作進行。於種種困難之中，內外工作之
主持、各方環境之應付，皆集中於戴笠一身，其能力終
究有限，思慮難免不周，有損軍統局工作的效能。

四

　　總報告提供關於軍統局既豐富又相對完整的訊息，
於解答重大歷史謎團亦有助益。如脫離重慶國民政府陣
營的汪精衛，於1939年3月在河內遇刺，雖逃過一劫，
其秘書曾仲鳴卻因此代其遭害。事發之初，各方及媒體
推論是軍統局所為，然而隨著更多訊息的浮現，真相反
而更顯撲朔迷離。

　　事發之初，蔣中正於日記記載：「汪未刺中，不幸
中之幸也」（1939年3月22日）；「汪在安南被刺，
雖未中，然敵或已明汪奸之欺偽賣空，而不信其與我
再有合作之餘地，故其停止冒進，亦有可能也」（1939
年4月3日）。並未明確表露此事係蔣下令軍統局為
之。由於未有確證，暗殺行動至少有四個說法。其一，
軍統局所為：目前資料可見軍統局的確跟蹤監視汪的動
向，將情報不斷回報重慶，行動者陳恭澍後來也有回憶
錄將這段故事和盤托出，雖沒有直接檔案之證實，軍統
局所為可能性很大。其二，日本人所為：曾追隨汪精衛
的高宗武指出，槍手在殺了曾仲鳴後，在屋中停留較
久，卻沒有進入汪的臥室，相當奇怪，因此推論這是日
本人冒充重慶方面所為，目的不是暗殺汪精衛，而是藉

殺死汪之密友曾仲鳴，刺激汪投向日本陣營。其三，此事與政府無涉，是曾仲鳴尋花問柳時因私人因素被刺。其四，中統局所為：雖軍統局已盯哨多時，伺機制裁，但中統局搶得先機。中統局局長朱家驊不忍對汪精衛下手，便拿曾仲鳴開刀。

對此疑案，作為直接史料的總報告，是否透露了甚麼？1939 年的總報告對該年制裁者列有詳細表格，可惜的是「凡最機密並經專案呈報者未列」，但細究總報告的其他敘述，於「一年來工作實施之提要與檢討」中「行動／制裁漢奸」的檢討，提到：「高級之行動幹部，不易養成，於特殊地區之策劃，每多失當，本年三月河內一擊之無功，為本局行動工作最大之失敗。」明確指出河內刺殺（「河內一擊」）是軍統局所為，結果無功失敗，可見原來對象當為汪精衛。亦即，透過總報告作為關鍵史料，對汪案之行動者已有解答。

要而言之，總報告雖僅呈現軍統局立場，難免抬高自身、為己迴護、敘述片面，惟其史料價值應是無庸置疑。可惜目前僅能找到 1937、1939 兩年較完整的總報告，其他年份，或是已經銷毀，或仍藏於國防部軍事情報局並未公開。若能覓得更多總報告，對照回憶錄的敘述，並參照不同角度的史料，更精深的情報史研究或可期待。

編輯凡例

一、本書收錄軍事委員會調查統計局（軍統局）之 1939 年度工作總報告，該局係由戴笠領導，延續先前的特務處，於 1938 年 8 月改組建立。

二、正文依照史料原文，採民國紀年。

三、為便利閱讀，本書另加現行標點符號。

四、所收錄史料原為豎排文字，本書改為橫排，抬頭逕予取消。為便於排版閱讀，書中大表格文字逕自呈現，不採表格方式。

五、遇原文錯字，本書於中括號〔 〕內註記正確者。

六、編者說明以實心括號加編按表示，即【編按：】。

七、本書涉及之人、事、時、地、物紛雜，雖經多方審校，舛誤謬漏之處仍在所難免，務祈方家不吝指正。

目　錄

甲、引言

　　本局二十八年工作之實施，依據二十七年年終所定之本年工作計畫，在一面擴展有關軍事之情報，以供最高統帥定謀決策之參證，一面在淪陷地區加強行動與破壞，以制裁重要漢奸，摧毀傀儡組織，與破壞敵方交通，燬壞敵方資源，藉以打擊敵人以華制華、以戰養戰之陰謀。而於後方則注意漢奸、敵諜之防範與肅清，反動之鎮壓，貪污之檢舉，以安定後方秩序，保衛領袖安全，堅強軍民抗戰必勝、建國必成之信念為主旨。一年來秉此主旨，盡種種可能以實施，其間雖迭遭敵偽、漢奸聯合之攻擊，與自身少數意志動搖份子之變節，致京、滬、平、津、青島、漢口、安慶、杭州各重要城市之工作，先後被其破壞。但因本局鑒於抗戰進入第二時期，敵人軍事進攻已無把握，其於淪陷地區內，必須加強一切之統制與封鎖，所謂掃蕩肅清，必以特工為主要對象。故本年工作計畫，不僅盡量訓練人員、增加人員，且於組織方面，力求嚴密，情報之雙軌布置也，行動之複線配備也，反間之多面進行也，均為作充分之準備，期在有備無患，而能邁進不息也。是以組織雖迭遭破壞，但工作仍能繼續，叛逆雖幾見發生，但首要均已伏誅，此堪告慰於鈞座者也。惟是應時勢之需要，工作日在開展之中，組織已日行擴展，幹部殊不敷分配，指導督察均未臻於完善，而新進人員既多，工作尚未能深入，加以性質類似之組織，既多所牽制，而政府以下之機關與本黨之組織，又不能便利運用，且因各地生活之

高昂，工作人員待遇之微薄，致情緒低落者有之，思想轉變者有之。而高級情報人員之吸收，與行動對象內線之運用，一則因今日之特務工作，人尚視為畏途，一則因本局之經費支絀，有時妨礙進行。而內外工作之主持，各方環境之應付，均集於生笠【編按：戴笠自稱為蔣中正學生】一身，生之能力有限，思慮容有不週。凡此種種，均足以影響工作之效能。茲當歲序更迭，謹編一年來工作之實施與經過，分別優劣，檢討得失，舉以上陳，事皆有據，文不飾非，此血與淚之紀錄，既所以檢討過去，亦所以策進將來，幸鈞座垂察焉。

乙、一年來工作實施之提要與檢討

組織人事／組織人事事項
根據二十八年工作計畫之實施－提要

（一）一年來為謀工作之加強，或作非常之準備，或因政治之變遷，或因戰事之演進，各地區站組之新成立者凡八十八，撤銷者三十二，改稱者二十，改隸者四，合併者一。

（二）為督促各省禁政之實施起見，在川、黔、西康等省肅清私存烟土督辦公署設立糾察室。

（三）為厲行考核工作起見，除外勤派有經常督察外，並增設內外勤之週督察，而於內勤各部門並單獨成立考核機構，專任考核其所屬部門內外工作人員之責。

（四）依據本年度工作計畫之規定，在淪陷區域及重要地點，均採取雙軌組織，以及各區站組所設立之掩護商店，與外勤人員之聯絡接頭地點，並規定每一交通人員所知之通訊處所，至多不得超過兩處，而組與組及人與人之間，尤絕對不令發生橫的關係，以資縝密。

（五）印行半月時評小冊一種，第一期於五月十五日出版，刊載鈞座言行及革命文選，與每週戰況、政治及經濟等問題，與工作理論，分發非淪陷區內外勤人員誦讀，現已出版至第十五期，共發行一萬六千本。

（六）在淪陷區域內工作人員，自六月十四日起，每日以無線電拍發百字左右之政治通訊，包含鈞座抗戰建國之指示，及國內外情勢，提綱挈領，分別曉諭，

使不致為敵偽反宣傳所蒙蔽，用以奮發其精神與堅定其信念。

（七）局本部工作人員，軍校出身者固多，而從未習軍事者亦不少，爰將本局工作人員分別各施以一月訓練，自八月底起至十月底止。

（八）工作人員除本局抽調訓練者外，曾選送中央各訓練機關受訓，計本年度保送中央黨政訓練團第三期五員、第五期七員，合共十二員，中央軍校高級班者六員，其他如南岳游擊幹部訓練班，蘭州、貴陽等處之兵役訓練班，亦均先後調派工作人員參加受訓。

（九）按照本年工作計畫，除加強原有之黔、蘭兩班訓練班之訓練工作外，並擴大舉辦諜報人員訓練班、外事訓練班、特種技術（爆破）訓練班、特種調查訓練班（專門對付共黨）、仰光特訓班，均能按照預定計畫逐步實施，分別完成。

（十）重慶現為戰時之首都，本局內外勤工作人員不下千餘人，為加強考查內外工作人員之工作與生活起見，故除派遣經常督察外，於本年四月起復派遣週督察，昆明、貴陽、成都各站，亦同時實施，各單位工作人員輪流擔任臨時督察任務者，達二百三十九人之多。

（十一）全國各地區派有區督察八人，分駐川康、平津、察綏、京滬、閩浙、皖贛、華南、中央（重慶）等區分別實施督察任務（督察姓名與所擔任地區見附表），其中以中央區、川康區、察綏區、平津區督察報告，頗屬詳實。

（十二）關於各單位工作及人事上之督導檢舉，以

對局本部渝總台、中訓團警衛組、稽查處及渝特區、西安站、成都站、貴陽站，更為嚴密。

檢討－優點

（一）一年以來，內勤人員之朝夕從公，不辭勞瘁；外勤人員之履危蹈險，出死入生；被捕人員之慘受酷刑，幽身囹圄；殉職人員之犧牲一身，為國效命，忠貞義烈，均有足多。而其工作之最著者，如北平區長馬漢三之身處危疑，出入敵偽，而應變有方，策動偽軍反正，搜集敵偽情報，加強行動工作，穩定區站組織。上海區長陳恭澍收拾事變，重加整頓，並主持制裁叛逆漢奸，破壞敵軍運輸艦，燒燬敵人軍需，厥功亦偉。滬二區區長姜紹謨當多事之秋，於敵偽環伺下艱苦擘劃，慘澹經營，用能樹立新基，蔚有成就，且工作正在逐漸展開，未來收穫亦極有望。廣州站長謝鎮南潛入廣州，恢復工作，運用李昌德破壞敵高射砲及毒殺敵兵，均告成功。港區區長王新衡、書記兼行動組長劉芳雄，因佈置得當，故雖電台兩次被港府破壞，但文件均未遺失，工作亦未受影響，又於制裁漢奸沈某，痛擊漢奸林柏生兩案，雖林案行動員被捕，但至死未絲毫吐露實情，指揮亦著功績。上海區書記鄭修元，迭經事變，獨立撐持，工作進行，用未中斷，熱情毅力，均有足稱。他如津區區長曾澈，運用天津大、中學學生組織之抗敵鋤奸團青年祝宗樑、袁漢俊、劉友琛、馮健美、孫惠書等，制裁程錫庚，滬區行動組長劉戈青制裁漢奸陳籙，朱山猿制裁漢奸李金標，鄭州行動組長盧殿元制裁漢奸鄧希武，

京區區長錢新民指揮毒殺日領事館重要敵偽人員，澳門
站長岑家焯指揮制裁漢奸黃新淦等，均犖犖大者。此外
各地工作人員之被敵偽捕獲，而能矢志堅貞、不屈不撓
者，亦不乏其人。如前滬區區長周偉龍，被捕以後，雖
身受嚴訊，而能強硬到底。安慶站站長蔡慎初，被捕以
後，始終不屈，並承認該處為彼一人負責，部下早已解
散，敵雖一再威脅利誘，終不為動。石莊副站長鎖賡元
雖受酷刑，終不供認。武漢區長李果諶，被捕以後，雖
屢受嚴訊，終不吐實。津區區長曾澈，經敵嚴訊拷訊，
迄無口供，並絕食以誓堅決。港區通訊員袁良驥五月調
滬工作，八月間被偽方誘綁，曾被用火油灌鼻，及非刑
拷打，終未吐實，並於九月九日作血書以明志，此書已
輾轉遞達本局，詞為「易水空餘恨，成仁待斷頭，丹心
衛黨國，碧血濺洪流，任教橫誹謗，精忠不自休，願為
越勾踐，不作洪承疇，鐵窗羈病體，瀝血表貞操」，等
語，一字一淚，令人鼻酸。又臨訊班一期生平福昌、譚
寶義二人，在滬擔任行動工作，著有功績，六月二十九
日晨五時在滬被敵會同兩捕房拘捕後引渡，經敵嚴刑拷
訊，至於肢體殘廢，亦無一字口供。又上述之滬區行動
組長劉戈青，於十二月二十晚被陳逆第容誘綁至極司非
而路七十六號，在丁默村、李士羣兩逆威脅利誘之下，
矢志不屈，曾密送出書云，誓不以任何條件，換取個人
安全，等語，此皆我工作人員堅貞亮節，洵足矜式者
也。他如本局運用之偽嘉興綏靖司令徐樸誠，營救杭州
站長毛善森甚為得力；運用之偽杭州市長吳念中、偽武
昌警察局科長陳經國，從事反間工作；又我察哈爾站站

長楊金聲，利用偽察省財政廳長兼張垣偽警察局長等偽
職掩護工作，厥功甚偉。

（二）一年來各地組織，尤其敵區方面，均已較前
增強，凡人員之運用，工作之實施，佈置之嚴密，均已
較前改善，獲有成效。故組織縱被破獲，人員縱受逮
捕，甚有內部工作人員發生叛變者，但均只限於局部或
個人，未致影響全局，工作亦未因之停頓，其叛變份
子，且均受制裁，其未受制裁者，亦均在吾人控制之
下，而無所逃其命運。

（三）一年來對於外勤人員，均儘量於黔陽、蘭州
兩訓練班畢業生中，擇優派往其原籍所在地區站組服
務，以期易於獲得掩護，可免外人注意，且便於工作之
進行。

（四）接近戰區之區站組，則均預選忠實可靠，且
在當地有社會關係者，以備非常時期之潛伏，或令參加
敵偽，從事反間，多數均能達到其任務。

（五）工作人員對本局各項訓練，均能熱忱接受。

（六）各訓練班所有學員之年齡，除最少數超過
三十五歲外，其於最大為三十五歲，最小為十七歲，均
年富力強。其學歷最高者為大學畢業，最低者為初中畢
業，其他專門學校畢業者亦多，均在國民智識水準以
上。其籍貫在國內各省中雖不甚平均，尚稱普遍，且有
各地華僑子弟。學員畢業後之工作表現一般尚可，尤多
勇敢犧牲之精神，臨澧特種訓練班第一期畢業學生一千
零九人，於二十七年十一月畢業後分發各省工作，至本
年年終考績統計能合工作要求者，有十之六，此係時勢

之促成與訓練之功也。

　　（七）自本年四月於渝、蓉、昆明、貴陽等處實施週督察後，內外勤人員均有輪值擔任臨時督察之任務，於每週須將各單位內外人員之工作與生活一切動態，報告上級審閱，實施獎懲，藉收互相監督之效，工作之效能，賴以增進不少。

檢討－缺點

　　（一）檢討一年來工作經過，尚有未能達到本年度工作計畫所預定之目標，而組織本身又發生工作人員叛變之問題。推求其癥結所在，固由敵偽之合力謀我，尤以汪逆精衛之特工人員丁默村、李士羣二逆，與中央有舊，不時指揮日本憲兵逮捕我人員，破壞我組織所致。然其最重要之原因，實為工作人員在奢侈成風的政治環境中，耳濡目染，未能實踐刻苦耐勞之革命生活，故在敵偽威脅利誘之下，竟不能堅定其立場；即未脫離革命立場者，亦因苦樂不均，生活苦悶，引起工作情緒之低落，故吾人今後之努力，固應從事一般公務員生活之檢查糾正，使入正軌，而本局之訓練、督察、指導及設計，亦以糾正內部工作人員之生活為當今之急務也。

　　（二）一年來關於組織方面，雖益臻嚴密，關於工作人員之成績、學識、能力，雖嚴予考查，然用人既多，考查難週，而一人之誠偽忠奸，尤非一時一事所能定評，故在敵偽協以謀我之時，不無被誘而叛變者，雖打擊僅限於局部，其影響亦及於事功。鑒往知來，宜謀補救，精神訓練，誠不容已。

（三）用人定策，端賴有詳實之調查、明確之統計，但各單位或則處於淪陷區域，阻礙橫生，或則偏處遠方，督察未週，功過多憑文告，欲求妥洽，自感為難。

（四）各地組織因限人力與財力，有係因應時宜，臨時建立者，迨時效已過，撤廢隨之，忽撤廢忽增，變動殊甚，人事處理固無法平衡，預算所關，亦深受影響，審查、考核均感困難。

（五）各種訓練班之教育設備，尚嫌簡單，實習器材，因限於經費，亦感缺乏，如汽車之駕駛、手槍之射擊，均不能充份實練（惟無線電收發之實習，因機器係因本製造所供給，故無缺）。至教官之人材亦甚感缺乏，因特務工作之訓練，須學識與經驗並長也。至學員之成份，由原有工作人員介紹者，忠實問題固可減少顧慮，但學力優異者殊不多見，為培植優秀幹部計，不得不設法向外選取，但際此青年思想錯綜複雜之時，誠難免異黨乘機混入，即思想忠實之學員亦因入世尚淺，社會關係過於單純，工作多未能深入。

（六）區督察所擔任之地區遼闊，加以交通之梗阻，與環境之惡劣（淪陷地區），實施督察任務，殊多困難。

（七）本年工作預定計畫中對地區督察與臨時督察雖按照實施，但因有特工經驗與工作熱忱，態度公正者不易多得，故地區督察人數不足，佈置未臻週密，而臨時督察之週督察實施亦未普遍。

（八）任勞任怨、大公無私之督察人才不易物色，

故擔任督察者，每不能破除情面，對檢舉案件，尚難期徹底。

情報工作／軍事方面
根據二十八年工作計畫之實施－提要

（一）偵察敵軍之動態及兵種、兵力、番號等，按日編報，並在每月終總合彙報一次，以一月中敵所增兵力與傷亡總數之比較，而判斷敵軍之動向。

（二）對各地敵情與戰況重要者，隨時摘報，次要者按日彙報。

（三）偵察敵軍作戰計畫與佈署，及各地駐軍兵力與防禦工事件構築之程度、種類，隨時分別編報。

（四）偵察被敵佔領區內敵軍實之運輸，倉庫、機場之位置及附近顯明目標，與空軍、敵艦之活動等，隨時摘報與編報。

（五）調查敵我陸軍之戰況及我方之得失，隨時摘報。

（六）偵察敵警備部隊之實力、地區與司令官姓名，隨時編報。

（七）偵察敵機轟炸我方所受損失，隨時摘報。

（八）偵察敵將領各種會議之內容，及師團編制、主官姓名、駐地判斷等，隨時摘呈與編報。

（九）調查偽軍之實力、編制、駐地及活動情形，隨時編報。

（十）調查我軍高級將領之抗戰意志與平日言行，及各部隊軍風紀廢弛情形，隨時摘報與編報。

檢討－優點

（一）佈置已形普遍，尤其在敵區內之交通要點，多能活動，故能確實總合各地敵軍兵力動態，以判斷敵軍之攻略。

（二）我軍作戰不力及失利等情形，尚能列舉事實。

（三）關於各部隊破壞軍風紀及其他不法案件，尚能普遍列舉詳細事實。

（四）關於我空軍轟炸敵區之戰果，尚能正確查報。

檢討－缺點

（一）戰況情報，常因傳遞遲緩，多失時效。

（二）一部擔任外勤人員，因未具備適應當地環境，而熟諳軍事之條件，所報多欠系統，尤以敵軍番號未能精確辨別。

（三）違犯軍風紀案件，每因時地轉移，難獲確切證據。

情報工作／政治方面
根據二十八年工作計畫之實施－提要

（一）偵察共產黨、國社黨、青年黨、民族革命同志會等各黨派之活動與企圖，分別彙報。

（二）偵察中央及各省政情，暨政治派系之活動情形，分別彙報。

（三）偵察中央及各省黨政要人對抗戰國策之言論

與動態，分別彙報。

（四）調查黨政人員走私販毒、行為腐化情形，分別彙報。

（五）調查黨政人員貪污不法及兵役舞弊情形，分別彙報。

（六）調查各地法幣走私及購買外匯情形，分別彙報。

（七）調查邊疆政治與民族情形，彙編參考。

（八）調查各地民眾社團及抗日救亡團體之組織與活動，分別彙編登記。

檢討－優點

（一）對各地共黨之活動，尚能普遍注意偵察，並派工作人員打入其組織及陝北抗日大學，又在陝西漢中及浙江麗水各設一組，專門偵察該黨之活動。

（二）對川、康、滇、閩、晉各省政情，均能深入偵察，如川局糾紛及滇局糾紛及滇局動態，所查內容均尚正確。

檢討－缺點

（一）邊疆政情之偵察，尚欠普遍與深入，如西藏、新疆、青海、寧夏各省之情報，內容均欠充實。

（二）貪污不法等案件數量甚多，但重大事件太少，尤以工作人員社會地位太低，對於重大案情之偵察與證據之搜集，頗感困難，致使案件之檢舉，減少有力之佐證。

情報工作／敵偽與國際方面
根據二十八年工作計畫之實施－提要

（一）偵察汪逆精衛出走後之舉動，以及各地汪派份子之陰謀活動，隨時摘要呈報，並另編專卷以備查考。

（二）偵察「臨時」與「維新」兩偽府，以及其他各地區偽組織之人事與活動情形，隨時擇要並另編專卷以備查考。

（三）偵察漢奸與敵方特工之人名登記活頁表冊，以備查考。

（四）偵察敵人在我淪陷區內政治陰謀、經濟掠奪及奴化毒化政策之種種設施，隨時擇要呈報，並合併作有系統之研究。

（五）根據報章公開消息，與偵獲秘密資料，對內地尤其重慶之外僑，凡涉嫌疑者，均作個別之專案研究，又因德籍僑民，似有秘密團體之存在，故於個別研究外，並作集體研究。

（六）根據鈞座昭示國人之外交原則，經常以正確的國際動態，指導各地工作人員，俾在情報採訪上，知所以鑒別真偽輕重，擊破敵方謠言攻勢，在敵區行動上知所以實施反間工作，破壞敵方外交陰謀。

（七）根據公開與秘密資料，研究敵偽與國際動態，除作定期之綜合分析外，並隨時就特殊事件，提出意見方案，呈供參考。

檢討－優點

（一）汪逆方面佈置尚能深入，重要機密情報，多能即時探得。

（二）滬、港、越南、緬甸、暹羅等地之國際情報數、質量，較之過去均有增加，且均能與當地主管機關取得聯絡。

（三）對於美國方面已有相當佈置，尤能利用美方情報機關僱用之華籍人員，以輸送有利我國之消息，收效比較兩國直接交換情報，實更有力。

（四）研究工作粗具規模，對於各項情報，均能作綜合與分析之研究，結果尚有成效。

檢討－缺點

（一）「臨時」、「維新」兩偽府方面，未能深入佈置，致情報數、質均差。

（二）國際情報網之樹立，因人才與經濟關係，未能建立。

（三）每一奸諜案件，雖經查明具體事實，但往往以物證搜集之不易，致未能繩以國法，而外籍間諜人員之偵察，牽制尤多，故多失之寬縱。

（四）各方所得情報，頗有足資對內外之宣傳者，未能充分利用。

行動／制裁漢奸

根據二十八年工作計畫之實施－提要

　　根據過去之經驗，對南北偽組織漢奸之制裁，在京、滬、平、津一帶，仍伺機不斷予以打擊，惟汪逆尚稽顯戮，而汪逆一派之漢奸，又叢出不窮，以致不得不在可能內擴大工作，以資鎮壓。惟吾人對淪陷區漢奸、敵酋及工作叛逆，雖不憚予以制裁，但仍取慎重態度，以求對象選擇之嚴格，而符吾人殺一警百之原意，而有可為反間之用者，則暫予保留，積極運用。

檢討－優點

　　各地行動人員，富有遵守命令、服從指揮之忠勇美德，且富於為國犧牲之熱忱，行動技術亦大都確實，可以達成任務，並能運用反間手段與路線，以接近對象，實施制裁。

檢討－缺點

　　（一）行動人員缺乏高級漢奸為內線，不易接近制裁對象，且在特殊環境下，甚難適應當地生活，以利潛伏，故於執行任務後，容易暴露身分，影響工作。

　　（二）高級之行動幹部不易養成，於特殊地區之策劃每多失當，本年三月河內一擊之無功，為本局行動工作最大之失敗。

行動／破壞工作

根據二十八年工作計畫之實施－提要

為配合二期抗戰之需要，一年來對於敵後方之破壞工作，曾付以最大努力，在滬上曾秘密焚燬其運輸工具，如小型運輸艦、汽艇及棧房以至敵商品，至華中敵之交通設施，與在偽組織下所經營之軍事、經濟等設施，亦不斷予以破壞。

檢討－優點

敵後方之破壞工作已較擴大，能以甚少之人力、財力，予敵以較大之損失，且能選擇較重要之目的物予以破壞。

檢討－缺點

因缺乏破壞器材與專門技術人員，及強有力準備，故未能完成重大之破壞任務，如敵之軍火倉庫或飛機場等。

行動／襲擊工作

根據二十八年工作計畫之實施－提要

本局曾計劃於敵人佔領之各大城市中，舉行大暴動，但為避免工作之暴露計，迄未能照原定計畫充份實施。且以一年來，各重要區站迭遭變故，我人在淪陷區之通訊組織，一時受其影響，為穩定工作計，致未能舉行較大襲擊敵偽之工作。

檢討－優點

頗能以少數人員，以出敵意表之敏捷動作，突破敵偽之防範而予以打擊。

檢討－缺點

為保持工作秘密計，未能發動全民舉行大規模之抗敵活動。

行動／軍運工作

根據二十八年工作計畫之實施－提要

一年來對華北、華中之偽軍聯絡，本局曾不遺餘力指示各區站進行，已收相當效果者，即呈請鈞座轉飭各戰區長官查明核辦。惟軍事活動，瞬息萬變，一經周折，即難期實效，又因各地軍事長官多未予重視，致鮮有成效。

檢討－優點

聯絡人員尚能運用關係，獲得偽軍將領之同情，喚醒其國家民族觀念，故對各地偽軍之聯絡，尚能多方進行，竭力掌握其幹部。

檢討－缺點

缺乏軍事策略人材，故調查報告之所得，未能有明白確實之判斷。

電訊交通／通訊業務
根據二十八年工作計畫之實施－提要

　　（一）關於電台之調整部份，除於一月間將沅陵總
台移建貴陽，十二月復自貴陽移建息烽外，其各地分台
因失去軍事上重要性或環境關係而移建或撤銷者，計有
三十八台。

　　（二）各重要分台，均由渝總台聯絡，渝總台電機
自十六大機逐漸增至二十一大機，並增設磁器口郊外
台，每月收發報約一百八十萬字。次要各台，則均由筑
總台聯絡，現有機十三架，每月平均收發報約七十萬
字。渝筑間之聯絡，則採用專機雙工制，日夜暢通，上
海、香港及其他重要地點，則設專通機。

　　（三）為求電報之迅速確實與機密起見，在渝、筑
兩總台，均派有稽核員，稽核報務之錯誤、延擱等事
項。

　　（四）本局通訊之特種符號，沿用已將六年，雖不
易被敵抄收與研譯，但拍法迥異，易引起敵人注意，有
被偵察搜索之險，故於十月間，改用莫爾斯符號電報格
式，使敵驟失目標，無法偵我。

　　（五）淪陷區內材料採購，與機器攜帶及密藏，均
感困難，經以收音機改製收發報機，試用成績良好，現
已分批抽調報務員學習，第一批已學成分發上海、北平
二地工作。

　　（六）發報機所發聲音，久後易被人熟聽而受偵
抄，故於總台各發報機之裝置，改變音調，隨時粗細，
使偵聽者無法判明。

（七）河內所建之電台，於二月間試通成功，泰國之盤谷又於十一月初試通成功，在建立中者則有新加坡、仰光、西貢諸台。

（八）關於報務人員之考核與訓練方面，除渝、筑兩總台均分別舉辦特工通訊講話，與特工常識訓練，並加派政訓員負責訓練外，並舉行月考制。又本年度黔陽電訓班畢業學生一六二人，蘭州電訓班畢業生三五人，均已陸續分派工作。

（九）製造方面，因本年材料輸入困難，供不應求，遂使工作效率低降，計本年內共完成大型機十六架，小型機一五六架（內收發報機係合併計算），僅完成預定計畫之半。

檢討－優點

（一）工作人員大多意志堅定，雖被迫停止工作，但因移動迅速，卒能避免破獲，且能於萬分危困中，迅速恢復工作，即有時被敵破獲，亦能在最短期內建立暢通。

（二）將收音機改裝收發報機後，凡有電力設備之淪陷區，均可不必攜帶機器，且甚易掩藏。

（三）在重要地區設立專通機後，所有電報均能隨到隨拍，可免延誤。

（四）稽核員之設置關於工作之推動與改進，收效甚大。

（五）偵察方面，已偵明外國電台及民生公司電台全部通訊網，並抄收與研譯其電報，明瞭其內容。

（六）利用公開機關，統制渝市各電科商行，尚能依照法令辦理，且有相當成效。

檢討－缺點

（一）本年內上海、南京、青島、蘇州、鎮江、漢口、北平諸台，迭被敵人破獲。

（二）山東各地及唐山、滄州兩地電台，被迫停止工作。

（三）五月及七月香港台兩次被港政府破獲。

（四）次要各電台，由筑總台聯絡而轉至渝總台，則多一轉折，難免稽延。

（五）偵察工作，因人手缺少，技術條件不健全，且既無固定目標，復無線索可依，僅頻偵察機控制空中訊號，找尋疑點，故對偵察工作，未能達到預期之目的。

（六）製造工作因新工具未到，故重要零件尚不能製造，特工機掩護部份，亦尚無法改進。

（七）報務人員因科學程度不足，故收發之錯誤難免。

（八）報務人員待遇太低，生活困難，難免不影響其工作之情緒。

電訊交通／交通方面
根據二十八年工作計畫之實施－提要

（一）以重慶為中心之交通網，經已佈置完成，計水路有渝宜、渝瓷二線，公路有渝筑、渝蓉二線，航空

有渝港、渝筑、渝滇、渝陝、渝蓉、渝桂、渝仰、渝越
八線，另有粵漢、湘桂、蓉羌、羌陝、陝蘭、筑柳、柳
桂、筑昆、筑沅、筑息、衡金、韶港、金鄞、金溫、芷
黔、衡嶽等十六支線，與此十二幹線相銜接，而分佈全
國各地。

（二）根據二十八年工作計畫，外海交通線業已建
立完竣，此線包括港防及港汕、廈滬津等地，運用之外
輪侍役二十一人，每月隨輪往返上列各處，而設收發總
站於香港，以為策動外海交通之根據地，並分設接頭處
於海防、汕頭、廈門、上海、天津五處，以資聯絡。

（三）淪陷區內地之交通支線，刻正逐步推建中。

檢討－優點

（一）上述各項交通線，多係佈置於第二期抗戰之
時，所受限制頗多，惟交通人員均能深體工作之重要及
使命之艱鉅，兢兢業業，達成任務。

（二）所願用之外輪侍役，對於本身之掩護問題可
無顧慮，且各侍役多係幫會中人，以在幫會較有歷史與
地位之同志，運用其幫會關係而掌握之故，工作之開展
較為順利。

檢討－缺點

（一）各線交通，均係運用各種方式，秘密執行交
通任務，掩護工作極感困難，致工作之要求，不能盡符
所期。

（二）沿海各地大多淪陷，敵偽檢查甚嚴，對於文

件之傳遞，困難甚多，關於偽裝之研求及攜帶之技術，
未能週到。

丙、組織人事

一、組織事項

（一）內勤組織系統圖

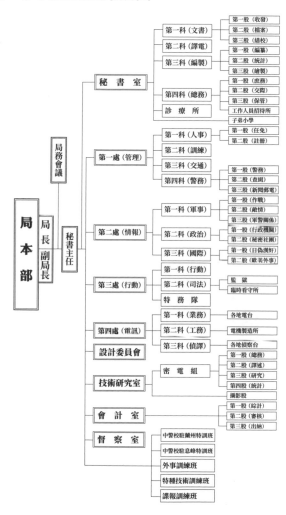

（二）內勤單位負責人一覽表

組織及職別		姓名	年齡	籍貫	出身	參加工作（年／月）	備考
秘書主任		鄭介民	40	廣東	軍校二期	21/04	
代理秘書主任		毛人鳳	39	浙江	上海復旦大學	23/08	
秘書室	秘書	潘其武	36	福建	北平交通大學	24/04	
		李崇詩	36	湖南	軍校六期	25/09	
		徐業道	45	湖南	北京法政專校	23/10	
		余 鐸	43	江蘇	中國公學	23/05	
		劉啟瑞	40	安徽	北京大學	24/12	
		石樹勳	37	湖南	軍校六期	27/03	
	第一科（文書）科長	毛人鳳（兼）					
	第二科（譯電）科長	夏天放	39	浙江	寧波省立四中	21/09	
	第三科（編製）科長	劉啟瑞（兼）					
	第四科（總務）科長	楊隆祜	39	湖南	北平鹽務專門學校	27/04	調任貴陽辦事處主任
	第四科（總務）代科長	郭 斌	33	福建	軍校五期	22/09	
第一處（管理）	處長	趙世瑞	34	浙江	軍校四期	21/03	
	第一科（人事）科長	李肖白	32	湖南	軍校六期	26/03	
	第二科（訓練）科長	鄭錫麟	35	四川	軍校六期	21/07	
	第三科（交通）科長	胡子萍	34	浙江	軍校六期	22/12	
	第四科（警務）科長	羅 傑	38	四川	奧國警官大學	27/07	

組織及職別		姓名	年齡	籍貫	出身	參加工作（年／月）	備考
第二處（情報）	處長	何芝園	39	浙江	東南大學	23/06	
	第一科（軍事）科長	汪　政	34	浙江	軍校七期	27/03	
	第二科（政治）科長	李　葉	32	浙江	青島大學	22/07	
	第三科（國際）科長	謝貽徵	30	江蘇	上海聖約翰大學文學士、巴黎大學及柏林語言學校	28/10	
第三處（行動、司法）	處長	徐業道（兼）					
	第一科（行動反間）科長	徐業道（兼）					
	第二科（司法）科長	余　鐸（兼）					
	特務隊隊長	王兆槐	33	浙江	軍校四期	22/05	

組織及職別		姓名	年齡	籍貫	出身	參加工作（年/月）	備考
第四處（電訊）	處長	魏大銘	32	江蘇	前交通部上海電訊學校	22/03	
	第一科（業務）科長	程　浚	29	浙江	軍委會交通處電訓班	23/02	
	第二科（工務）科長	岑士龍	36	江蘇	北平工校機械專科	27/10	
	第三科（偵譯）科長	蘇　民	32	廣東	軍校高教班	22/03	
	顧問	史脫次納		德國			奉賀主任【編按：賀耀組】令派本局運用
	電機製造所所長	陳景涵	35	浙江	上海交通大學電機工程科	25/02	
	渝總台台長	倪耐冰	30	江蘇	上海滬江大學	27/12	
	筑總台台長	楊震裔	34	江蘇	軍委會交通處電訓班	22/12	
督察室	主任	劉培初	36	湖北	軍校五期	21/05	
會計室	主任	徐人驥	41	湖南	廣東大學經濟專修科	21/10	
技術室	主任	余樂醒	39	湖南	巴黎工業大學機械科、莫斯科陸軍大學	22/03	
	密電組組長	魏大銘（兼）					
	密碼顧問	雅德賓		美國			
診療所	主任	戴夏民	48	浙江	日本帝國大學醫學士	21/05	

組織及職別		姓名	年齡	籍貫	出身	參加工作（年／月）	備考
設計委員會	主任委員	謝力公	35	廣東	莫斯科中山大學	21/12	
	委員	趙世瑞（兼）					
	委員	徐為彬	37	江蘇	軍校六期	21/01	
	委員	唐縱	35	湖南	軍校六期	21/01	
	委員	毛人鳳（兼）					
	委員	劉培初（兼）					
	委員	何芝園（兼）					
	委員	潘其武（兼）					
	委員	徐業道（兼）					
	委員	劉啟瑞（兼）					
	委員	魏大銘（兼）					
	委員	余鐸（兼）					
	委員	謝貽徵（兼）					
	委員	林堯民	37	浙江	黃巖中學	22/06	
	委員	葉震	32	浙江	上海法科大學	25/08	
	委員	李執中	36	湖南	日本明治大學	28/09	
	委員	董益三	33	湖北	軍校六期	23/03	
	委員	鄭延卓	34	湖南	日本明治大學	27/08	
	委員	戴鰲	45	浙江	俄國彼得格拉特大學	27/08	

組織及職別		姓名	年齡	籍貫	出身	參加工作（年／月）	備考
外事訓練班	副主任	劉 璠	32	湖南	軍校一期、奧國警官大學	27/06	主任由本局副局長【編按：戴笠】兼任
特種技術訓練班	副主任	劉紹復	51	遼寧	柏林工業大學	27/04	
諜報訓練班	副主任	吳 琅	32	浙江	軍校軍官研究班、陸軍大學十三期	27/10	
中警校駐息烽訓練班	副主任	胡靖安	38	江西	軍校二期	28/06	
中警校駐蘭州訓練班	副主任	王孔安	39	陝西	軍校六期	21/10	

（三）外勤組織系統圖

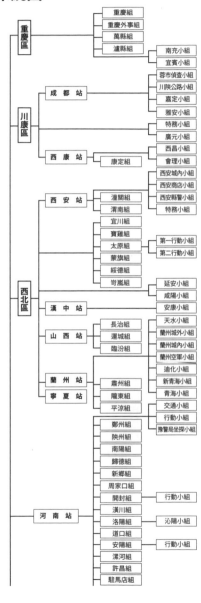

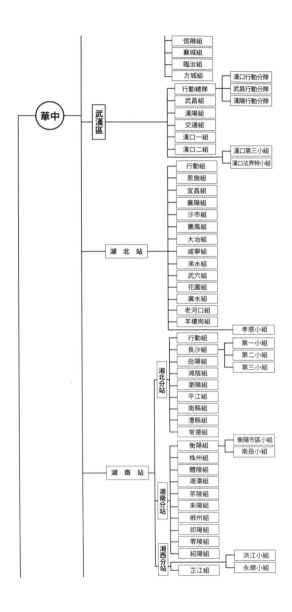

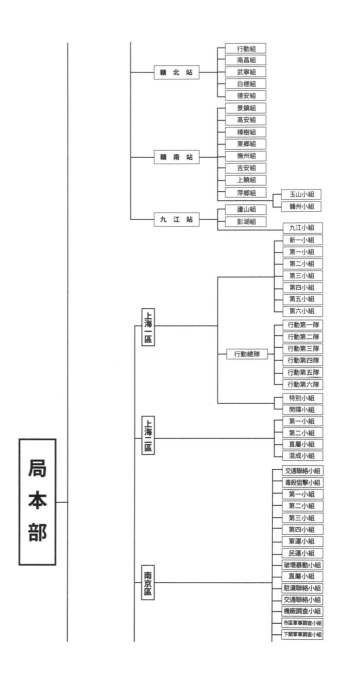

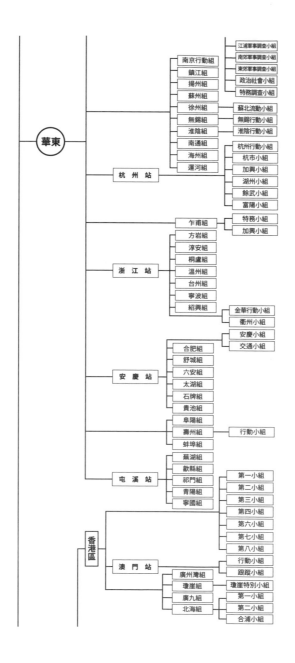

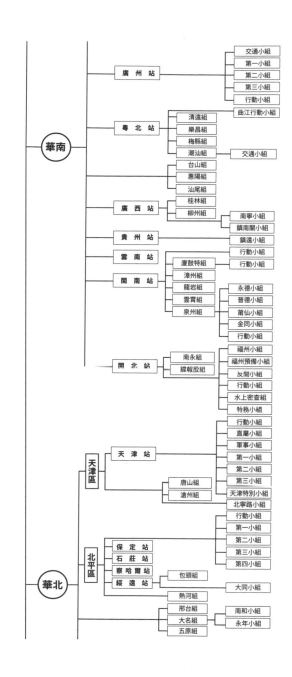

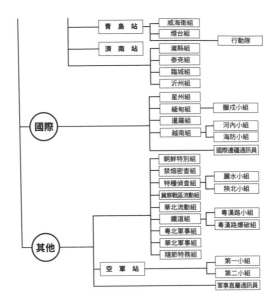

（四）外勤各單位負責人及電台一覽表

【編按：本表各組織位階及隸屬關係，請參考（三）外勤組織系統圖】

江蘇省

組織名稱	南京區	直屬小組	駐滬聯絡小組	和縣小組
組織本年內變動情況和日期		十一月十五日成立		
負責人姓名	錢新民	胡維孝	居之權	孫翼
負責人年齡	33	29	29	39
負責人籍貫	雲南	江蘇	江蘇	安徽
負責人出身	軍校軍官研究班	中央大學及中央警校特警班二期	南方大學	中學
負責人參加工作年月	21	28/11	23/05	27/05
電台主任報務員			朱洪源	
電台本年內變動情況			12/04建立	
備考	下轄二股、四組、十四小組			

組織名稱	南京行動組	鎮江組	揚州組	蘇州組
組織本年內變動情況和日期				
負責人姓名	管容德	蕭嘯風	陳全蓀	黃毅齋
負責人年齡	36	33	36	27
負責人籍貫	浙江	江西	江蘇	江蘇
負責人出身	上海專科師範	軍校特訓班	上海三才中學	南昌行營調查科訓練班
負責人參加工作年月	25/09	26/08	22/07	21/10
電台主任報務員	王鍾傑潘俊滔	宋一平		
電台本年內變動情況		被破獲		被破獲正籌建中
備考		蕭被捕		

組織名稱	無錫組	無錫行動隊	南通組
組織本年內變動情況和日期		十一月十四日成立	
負責人姓名	趙國藩	劉人奎	顧寄萍
負責人年齡	33	30	33
負責人籍貫	江蘇	湖南	江蘇
負責人出身	省立第三師範	軍校五期	勞動大學
負責人參加工作年月	21/10	28/11	21/09
電台主任報務員	孫九善		方為之
電台本年內變動情況			
備考			

組織名稱	徐州組	蘇北流動小組	海州組	運河組
組織本年內變動情況和日期				
負責人姓名	黃士杰	鄭興周	趙斌成	王蘭華
負責人年齡	32	41	33	31
負責人籍貫	江蘇	河北	河北	江蘇
負責人出身	第二集團軍軍官訓練班	浙警校甲訓班	軍校特訓班	徐東中學
負責人參加工作年月	26/09	21/07	22/02	27/04
電台主任報務員	周拂塵		左蔭棠	陳國雄
電台本年內變動情況				
備考			電台在沭陽	

組織名稱	淮陰組	淮陰行動小組
組織本年內變動情況和日期		
負責人姓名	文劍	武俠
負責人年齡	34	36
負責人籍貫	江蘇	江蘇
負責人出身	軍校特訓班一期	杭州甲訓班第四期
負責人參加工作年月	26/10	23/03
電台主任報務員		
電台本年內變動情況		
備考		

組織名稱	上海一區	新一小組	行動總隊	特別小組
組織本年內變動情況和日期	九月廿一日另建上海二區，故改稱	九月十一日成立		
負責人姓名	陳恭澍	畢高奎	陳恭澍（兼）	劉戈青
負責人年齡	39	25	39	29
負責人籍貫	河北	浙江	河北	福建
負責人出身	軍校六期及甲訓班	上海中法學院機械系及中警校特警班二期	軍校六期及甲訓班	上海暨南大學
負責人參加工作年月	21/02	24/09	21/02	25/04
電台主任報務員	秦沼洲 莊蒞民			
電台本年內變動情況				
備考	除新一小組外，復轄七小組		下轄六分隊	被捕

組織名稱	上海二區	直屬小組	混成小組	第一小組	第二小組
組織本年內變動情況和日期	九月廿三日成立		十一月廿二日成立		
負責人姓名	姜紹謨	馮丹白	李亮	林鈞新	陳祖康
負責人年齡	42	30	25		34
負責人籍貫	浙江	河南	安徽		福建
負責人出身	北平大學	上海倉聖明智大學及中央警校特警班二期	上海暨南大學高中及中央警校特警班二期		法國烏靈大學理科碩士
負責人參加工作年月	27/06	28/11	28/11	28/08	25/02
電台主任報務員	蔣宗泰				
電台本年內變動情況	九月十六日建立				
備考					

浙江省

組織名稱	杭州站	嘉興小組	湖州小組	餘武小組	富陽小組
組織本年內變動情況和日期					七月一日成立
負責人姓名	徐松堅（代）		陳少泉	張濤	孫明一
負責人年齡	34		32	38	26
負責人籍貫	浙江		浙江	浙江	浙江
負責人出身	上海法政學校		軍校	小學	浙江蠶桑學校
負責人參加工作年月	27/08		26/09	26/12	27/07
電台主任報務員	周勛				
電台本年內變動情況					
備考	內有杭市小組				

組織名稱	浙江站	金華行動小組	方岩組	淳安組
組織本年內變動情況和日期	十一月十三日由組改站			
負責人姓名	童襄	童襄（兼）	張師	林仲華
負責人年齡	31	31	39	38
負責人籍貫	浙江		江蘇	浙江
負責人出身	軍校四期		莫斯科中山大學	兩浙師範及體育專修科
負責人參加工作年月	23/12		22/05	27/07
電台主任報務員	王仁		錢維樸	俞汝霖
電台本年內變動情況			二月五日由金華移建方岩	
備考	原金華組			

組織名稱	桐廬組	衢州小組	溫州組	台州組
組織本年內變動情況和日期				
負責人姓名	方曉	吳成章	金慶生	呂信敏
負責人年齡	35	38	35	39
負責人籍貫	浙江	浙江	浙江	浙江
負責人出身	軍校六期	東吳大學	首都警察廳警員訓練班	軍校軍官研究班
負責人參加工作年月	26/08	23/10	23/09	28/10
電台主任報務員	顧超		金志剛	洪希皓
電台本年內變動情況				
備考				電台在海門

組織名稱	寧波組	紹興組	乍浦組
組織本年內變動情況和日期			
負責人姓名	虞廷金	王錫琛	蔣劍民
負責人年齡	33	29	30
負責人籍貫	浙江	浙江	浙江
負責人出身	浙警校正科二期及甲訓班	浙警校正科二期	浙警校正科二期
負責人參加工作年月	23/02	24/11	21/08
電台主任報務員	胡金聲	施仰方	何敏予
電台本年內變動情況			
備考			下轄特務及嘉興二小組

安徽省

組織名稱	安慶站	交通小組	安慶小組
組織本年內變動情況和日期			
負責人姓名	周翼（代）	鄧香亭	楊振彪
負責人年齡	33	23	37
負責人籍貫	湖南	湖南	安徽
負責人出身	第二軍官教育團	嶽雲中學	精武體育會拳術器械科
負責人參加工作年月	22/05	25/04	22/06
電台主任報務員	徐世德 莊道隆		
電台本年內變動情況	第二台十一月七日建立		
備考			

組織名稱	合肥組	六安組	貴池組	石牌組
組織本年內變動情況和日期				
負責人姓名	王滌水	王景周	汪半樵	沈象離
負責人年齡	33	38	33	27
負責人籍貫	安徽	安徽	安徽	安徽
負責人出身	浙警校特訓班	公立法專	北平朝陽大學	上海震旦大學
負責人參加工作年月	22/07	24/08	25/03	22/12
電台主任報務員	費雲文	金寶林	厲森松	
電台本年內變動情況				
備考		電台設立煌		

組織名稱	太湖組	舒城組	阜陽組	壽州組
組織本年內變動情況和日期				
負責人姓名	陳漢君	李洛九	劉振鐸	宮介梅
負責人年齡	40	31	31	29
負責人籍貫	安徽	陝西	安徽	安徽
負責人出身	湖北法政專校	西北大學	縣立初中	軍校特訓班特警隊
負責人參加工作年月	23/01	27/06	23/05	25/07
電台主任報務員	周潔如	張聲麟	沈之祥	張明志
電台本年內變動情況				
備考				

組織名稱	壽州行動小組	蚌埠組	屯溪站	青陽組
組織本年內變動情況和日期				
負責人姓名	蔡鶴	楊東木	曹飛鴻	鄭慧民
負責人年齡	28	30	32	28
負責人籍貫	安徽	安徽	江西	浙江
負責人出身	軍校七期	暨南大學	浙警校正科二期	省立八中
負責人參加工作年月	28/01	25/04	22/09	27/08
電台主任報務員		劉興業	黃信中 吳德祥	馬遁
電台本年內變動情況				
備考				

組織名稱	祁門組	歙縣組	寧國組	蕪湖組
組織本年內變動情況和日期				
負責人姓名	洪甫生	江毓仙	張文山	鄧成
負責人年齡	27	31	34	33
負責人籍貫	安徽	安徽	安徽	安徽
負責人出身	徽州中學	杭州新聞專校	軍校九期、日本陸軍士官學校廿四期肄業	宣城高中
負責人參加工作年月	27/05	27/04	27/04	28/03
電台主任報務員	羅勤一	童宏為	殷光宇	張鍾奎
電台本年內變動情況				一、二月三日電台被破壞 二、四月五日重行建立
備考				

江西省

組織名稱	贛北站	行動組	南昌組
組織本年內變動情況和日期	十月十二日南昌站改稱		
負責人姓名	蕭漫留	王修斅	王修模（代）
負責人年齡	32	33	29
負責人籍貫	江西	江西	江西
負責人出身	武漢軍分校	江西工業專校警衛人員養成所	中央警校高級研究所
負責人參加工作年月	25/01	27/08	27/08
電台主任報務員	何杰人		
電台本年內變動情況			
備考			

組織名稱	德安組	白槎組	武寧組
組織本年內變動情況和日期			
負責人姓名	顧雲鳶	劉亦山	李益華
負責人年齡	29	27	31
負責人籍貫	江蘇	江西	江西
負責人出身	暨南大學	南昌師範	南昌行營農村合作訓練班
負責人參加工作年月	27/08	27/06	24/04
電台主任報務員	吳景行	邵伯言	王恩沛
電台本年內變動情況		十二月一日重建	
備考			

組織名稱	贛南站	樟樹組	東鄉組
組織本年內變動情況和日期	三月廿七日成立吉安辦事處，十月十三日改為站		
負責人姓名	謝厥成	胡海濤	陳芍垣（代）
負責人年齡	34	32	32
負責人籍貫	湖南	江西	湖南
負責人出身	中央軍校特別研究班	平川中學	軍校軍官訓練班廬山特訓班
負責人參加工作年月	21/09	26/09	27/07
電台主任報務員	沈斌	梅文華	趙達
電台本年內變動情況			
備考			

組織名稱	景德鎮組	高安組	贛州小組	吉安組
組織本年內變動情況和日期				
負責人姓名	劉相（代）	鍾瑞生（代）	王邁夫	鄔映雪
負責人年齡	33	34	34	31
負責人籍貫	江西	江西	江西	江西
負責人出身	民國大學	軍校六期	浙警校特訓班	湘群治法專政治經濟系
負責人參加工作年月	27/02	27/07	21/07	25/07
電台主任報務員	張梯青	王四維		唐孟龍
電台本年內變動情況				四月廿五日建立
備考				

組織名稱	撫州組	玉山小組	上饒組	萍鄉組
組織本年內變動情況和日期				
負責人姓名	李楷	杜宜之	葉華	蔡模
負責人年齡	25	40	40	34
負責人籍貫	江西	浙江	江西	江西
負責人出身	日本明治大學	浙江第十一中學	軍校四期步科及憲警班	軍校六期
負責人參加工作年月	27/08	27/01	27/06	22/07
電台主任報務員	李復生		姚遜	金玉麟
電台本年內變動情況				
備考				

組織名稱	九江站	九江小組	彭湖組	廬山組
組織本年內變動情況和日期				
負責人姓名	陳其章	徐竣德	鄧維新	蔡繼康
負責人年齡	29	30	28	42
負責人籍貫	江西	江蘇	江西	安徽
負責人出身	行營宣撫隊長訓練班	中東路扶輪學校	南昌行營調查員訓練班	北平朝陽大學
負責人參加工作年月	24/03	24/10	21/12	27/08
電台主任報務員	劉進廣		李效實	邵元中
電台本年內變動情況				
備考			電台設馬當	

湖北省

組織名稱	武漢區	交通組	漢一組	漢二組
組織本年內變動情況和日期				
負責人姓名	唐新（代）	柯仲箎	宋岳	李玉階（代）
負責人年齡	28	33	34	31
負責人籍貫	湖北	湖北	湖北	湖北
負責人出身	湖北財政講習所	中央軍校研究班	北平警官高等專門正科七班	宜昌師範
負責人參加工作年月	23/09	23/10	24/02	22/06
電台主任報務員	萬德浩		張侃	
電台本年內變動情況	十二月十七日被捕			
備考				

組織名稱	漢三小組	武昌組	漢陽組	法界特別小組
組織本年內變動情況和日期	五月七日成立	八月一日武昌一組與武昌二組合併改稱		
負責人姓名	張履鼇	王又聲	董正	尉遲鉅卿
負責人年齡	50	36	37	39
負責人籍貫	江蘇	湖北	湖北	江蘇
負責人出身	武昌中華大學	湖北警官學校	金陵軍校及團幹班	漢口法文學校
負責人參加工作年月	27/09	27/04	25/07	27/06
電台主任報務員		梁允華	安宇文	
電台本年內變動情況				
備考				

組織名稱	行動總隊	漢口行動分隊	武昌行動分隊	漢陽行動分隊
組織本年內變動情況和日期				
負責人姓名	唐新（兼）	杜磯	徐則之	李羣
負責人年齡	28	32	31	34
負責人籍貫	湖北	湖北	湖北	湖北
負責人出身	湖北財政講習所	中央警校特警班一期	私塾	初中
負責人參加工作年月	23/09	27/08	27/06	27/04
電台主任報務員				
電台本年內變動情況				
備考				

組織名稱	湖北站	羊樓峒組	咸寧組	大冶組
組織本年內變動情況和日期				
負責人姓名	朱若愚	舒汝穎（代）	彭景韓	虞愷
負責人年齡	35	32	29	38
負責人籍貫	湖北	湖北	湖北	湖北
負責人出身	湖北省立法科大學	武漢軍分校七期	縣立初中	舊制中學
負責人參加工作年月	22/06	27/08	27/05	27/08
電台主任報務員	陳文祺	史易之		
電台本年內變動情況			十一月被丁師破獲	
備考				

組織名稱	武穴組	浠水組	團風組	廣水組
組織本年內變動情況和日期				
負責人姓名	呂躍	湯國楨	汪鑄東	易維芳
負責人年齡	36	30	34	34
負責人籍貫	湖北	湖北	湖北	湖北
負責人出身	省立國術館	警校戰訓班	行政人員訓練所	長沙軍分校
負責人參加工作年月	23/10	27/07	27/04	27/01
電台主任報務員	岳德文	亓豐義	鄧興中	言方
電台本年內變動情況		四月十一日起恢復工作		九月一日由雞公山移建
備考				

組織名稱	花園組	孝感小組	襄陽組	老河口組
組織本年內變動情況和日期				
負責人姓名	何會雲	嚴耀東	馮子固	江小亭
負責人年齡	29	31	32	35
負責人籍貫	湖北	湖北	湖北	湖北
負責人出身	扶輪小學	駐馬店育英中學	黨務幹部學校	鹿門中學
負責人參加工作年月	27/04	27/05	27/04	23/04
電台主任報務員	劉文聰		嚴順之	謝青
電台本年內變動情況	三月廿一日起恢復工作			
備考				

組織名稱	宜昌組	沙市組	恩施組	鄂站行動組
組織本年內變動情況和日期			十月二日成立	八月十九日成立
負責人姓名	鄧述詩	劉國楨	謝經武	張春紀
負責人年齡	30	28	31	38
負責人籍貫	湖北	湖北	湖北	湖北
負責人出身	武漢軍分校	省立一中	武昌中華大學	軍事政治幹訓班
負責人參加工作年月	27/04	27/04	25/07	21/11
電台主任報務員	胡時銓	余志善		
電台本年內變動情況				
備考				

湖南省

組織名稱	湖南站	湘北分站	行動小組	長沙組
組織本年內變動情況和日期		十二月十四日成立		
負責人姓名	金遠詢	徐谷冰	王波	徐谷冰（兼）
負責人年齡	34	41	28	41
負責人籍貫	湖南	湖南	湖南	湖南
負責人出身	湖南建國法政專校	公立法政專校	中央警校特警班一期	公立法政專校
負責人參加工作年月	22/06	21/10	27/10	21/10
電台主任報務員	吳仁讓王家謙			沈泰三
電台本年內變動情況	吳台於十月十四日建立			
備考				下轄一、二兩小組

組織名稱	岳陽組	湘陰組	瀏陽組	平江組
組織本年內變動情況和日期		十二月十四日成立		
負責人姓名	鄭德順	左潤民	毛保和	李品瑛
負責人年齡	27	38	27	29
負責人籍貫	湖南	湖南	湖南	湖南
負責人出身	中央警校特警班一期	中央警校特警班一期	中央警校特警班一期	中央警校特警班一期
負責人參加工作年月	27/10	27/11	27/10	27/10
電台主任報務員	資松齡	許建國	李樹聲	郭雲
電台本年內變動情況				
備考				

組織名稱	南縣組	澧縣組	常德組
組織本年內變動情況和日期	十二月十四日成立		
負責人姓名	方天印	李明恢	秦承志
負責人年齡	28	34	36
負責人籍貫	湖南	湖南	湖南
負責人出身	四路軍教導總隊四期	河北黨校	上海南洋大學
負責人參加工作年月	25/02	24/05	21/10
電台主任報務員		陳科鼎	王啟拳
電台本年內變動情況			
備考			

組織名稱	湘南分站	衡陽組	南嶽小組	株州組
組織本年內變動情況和日期	十二月十四日成立		七月四日成立	
負責人姓名	蕭鎮華	唐乘驪	黃雲杰	曾煒
負責人年齡	35	33	28	26
負責人籍貫	江蘇	湖南	湖南	湖南
負責人出身	杭州之江大學	群治法專	湖南建國法政學校	浙警校特訓班三期
負責人參加工作年月	24/01	22/12	28/08	23/05
電台主任報務員		李光汾		臧啟明
電台本年內變動情況				
備考				

組織名稱	醴陵組	湘潭組	茶陵組	耒陽組
組織本年內變動情況和日期	一、六月三十日撤銷 二、十月十三日另建	十二月十四日成立	十二月十四日成立	六月三十日成立
負責人姓名	李熙	宋鶴	唐振寰（兼）	趙仁
負責人年齡	29	32	39	26
負責人籍貫	湖南	湖南	湖南	湖南
負責人出身	黨務工作人員訓練班三期	湖南軍官教導總隊	湖南省立第三師範	中央警校特警班一期
負責人參加工作年月	24/01	24/07	22/06	27/09
電台主任報務員	馬悌盛			汪芳成
電台本年內變動情況	七月十二日移建耒陽，十月十一日遷回			九月二十九日自長沙移建
備考				

組織名稱	郴州組	祁陽組	零陵組	邵陽組
組織本年內變動情況和日期				
負責人姓名	鄧堅	陳劍	吳建澍	劉煥黎
負責人年齡	35	35	29	31
負責人籍貫	湖南	湖南	湖南	湖南
負責人出身	軍校四期	軍校六期	軍校軍官研究班	軍校六期
負責人參加工作年月	22/02	22/07	22/07	27/02
電台主任報務員	陳勇啟			陳瑩
電台本年內變動情況				
備考				

組織名稱	湘西分站	芷江組	永順小組
組織本年內變動情況和日期			十月二日成立
負責人姓名	劉組平	張之岳	傅載雍
負責人年齡	32	32	23
負責人籍貫	湖南	湖南	湖南
負責人出身	軍校六期	軍校及浙警校	中央警校特警班一期
負責人參加工作年月	24	24/09	27/10
電台主任報務員	李國華		
電台本年內變動情況			
備考			

四川省、西康省

組織名稱	重慶特別區	重慶組	外事組	萬縣組
組織本年內變動情況和日期	一月十八日成立			
負責人姓名	涂壽眉（代）	蒲鳳鳴	孔杰（兼）	王啟升
負責人年齡	35	40	32	33
負責人籍貫	湖北	四川	吉林	湖北
負責人出身	湖北私立法政專校	軍校四期	中俄工業大學	莫斯科中山大學
負責人參加工作年月	21/12	27/03	27/06	23/06
電台主任報務員				馮熙
電台本年內變動情況				
備考				

組織名稱	瀘縣組	南充小組	宜賓小組
組織本年內變動情況和日期			
負責人姓名	周建陶	吳祖堯（代）	王一士
負責人年齡	40	25	31
負責人籍貫	湖南	四川	四川
負責人出身	軍校一期	岳池中學	軍校軍官教導總隊
負責人參加工作年月	28/08	26/07	21/08
電台主任報務員	萬仁觀		莊師遠
電台本年內變動情況	八月十三日建立		
備考			

組織名稱	川康區	廣元小組
組織本年內變動情況和日期		
負責人姓名	張毅夫	張尚鈺
負責人年齡	38	34
負責人籍貫	湖南	四川
負責人出身	北平師範大學	公立法政專校政經班
負責人參加工作年月	21/07	24/07
電台主任報務員	沈幼華	
電台本年內變動情況		
備考	內有特務小組	

組織名稱	成都站	川陝公路小組	雅安小組	嘉定小組
組織本年內變動情況和日期				
負責人姓名	顏齊	許乾剛	賴興乾	田勳雲
負責人年齡	31	31	31	42
負責人籍貫	四川	四川	四川	四川
負責人出身	軍校六期及南京特訓班一期	浙警校速成科	軍校六期	軍校四期
負責人參加工作年月	21/09	22/03	25/02	22/03
電台主任報務員				
電台本年內變動情況				
備考	內有蓉市偵察小組			

組織名稱	西康站	康定組	西昌小組	會理小組
組織本年內變動情況和日期	二月廿日成立即西昌行轅調查組	二月二十日由西康組改稱		八月十九日成立
負責人姓名	徐遠舉	陳子駿	張九霄	馬丹秋
負責人年齡	26	31	31	30
負責人籍貫	湖北	四川	四川	四川
負責人出身	軍校七期及甲訓班	廿四軍乙級參謀班	中央砲兵學校	廿四軍團務講習所
負責人參加工作年月	22/03	26/08	26/08	26/06
電台主任報務員	馬成志	蔡鳳麒		
電台本年內變動情況		二月廿七日建立		
備考		台設西昌		

河北省

組織名稱	北平區	行動小組	直屬小組	第二直屬小組
組織本年內變動情況和日期	九月四日平綏區改稱		十一月二十二日成立	十二月八日成立
負責人姓名	劉藝舟	李賀民	于子和	麻克敵
負責人年齡	36	32	35	30
負責人籍貫	河南	遼寧	河北	河北
負責人出身	中央軍校六期	省立二中	中央警校特警班二期	軍令部參謀班、中央警校特警班二期、南嶽游幹班
負責人參加工作年月	21/04	25/03	28/11	28/12
電台主任報務員	張修爵歐愷			
電台本年內變動情況				
備考	除下三小組外，另轄四小組	已被捕		

組織名稱	天津區	行動小組	唐山組	北寧路組
組織本年內變動情況和日期				
負責人姓名	倪中立	郭漢良	張廷武	
負責人年齡	36	31	34	
負責人籍貫	浙江	河北	河北	
負責人出身	上海法學院	中央警校特警班一期	東京高等工校	
負責人參加工作年月	21/11	24/10	24/09	
電台主任報務員	張敘奎		任克明	
電台本年內變動情況				
備考				

組織名稱	滄州組	天津特別組	天津站	軍事小組	直屬小組
組織本年內變動情況和日期		八月十九日成立			
負責人姓名	朱大維	許惠東	張季春	鄭隱璞（代）	張同義
負責人年齡	33		36	42	31
負責人籍貫	遼寧		察省	河南	河北
負責人出身	上海法政大學		保定河北大學	北平陸軍講武堂	東北講武堂中央警校特警班二期
負責人參加工作年月	23/10	28/08	24/10	25/07	28/11
電台主任報務員	張依道	鄧純	齊致中		
電台本年內變動情況					
備考			內有二小組	已被捕	

組織名稱	保定站	石家莊站	大名組
組織本年內變動情況和日期			
負責人姓名	趙文玉	盧祝堯	劉安邠
負責人年齡	31	38	35
負責人籍貫	山東	河北	河北
負責人出身	峨嵋軍官訓練團二期	天津工業學院化學工程系	省立邢台師範
負責人參加工作年月	22/09	26/12	26/11
電台主任報務員	傅若鵬	王樹林	劉偉民
電台本年內變動情況			
備考			

組織名稱	邢台組	永年小組	南和小組
組織本年內變動情況和日期			
負責人姓名	魏鴻鈞	顏玉斌	劉印生
負責人年齡	31	33	34
負責人籍貫	河北	河北	河北
負責人出身	遼寧警察傳習所	陸軍二十師學兵連	省立邢台師範
負責人參加工作年月	22/06	26/11	26/11
電台主任報務員	殷師舜		
電台本年內變動情況			
備考			

察哈爾省、熱河省、綏遠省

組織名稱	察哈爾站	熱河組	綏遠站	包頭組	五原組
組織本年內變動情況和日期				二月廿三日成立	
負責人姓名	楊金聲（代）	馮賢年	陳繹如	盧子英	李元超
負責人年齡	55		26	34	29
負責人籍貫	河北		河北	綏遠	遼寧
負責人出身	北京警官學校		二十五軍幹訓班	西北陸軍幹校二期	日本成城學校及軍校政訓班一期
負責人參加工作年月	25/08	26/09	24/09	25/08	23/03
電台主任報務員	張子文		張世傑		樓厲豪
電台本年內變動情況					
備考					

山東省

組織名稱	青島站	濟南站	泰兗組
組織本年內變動情況和日期	十一月十六日站長被迫降敵，現正重新佈置中		
負責人姓名		和仲平	薛靖寰
負責人年齡		44	29
負責人籍貫		山東	河北
負責人出身		山東法律學校	杭甲訓班四期
負責人參加工作年月		22/2	22/11
電台主任報務員		黃勝之 郭嘉言	張亞軍
電台本年內變動情況			
備考			組部及台均設兗州

組織名稱	臨城組	沂州組	濰縣組	煙台組
組織本年內變動情況和日期				
負責人姓名	武儒	陶國強（代）	路松齡	劉日德
負責人年齡	31	41	37	30
負責人籍貫	山東	山東	山東	山東
負責人出身	軍校六期	陸軍第一旅軍士教練班	武漢軍分校七期	星子特訓班
負責人參加工作年月	25/03	25/04	24/03	25/07
電台主任報務員	何翰	黃強	張文豪	錢國萍
電台本年內變動情況				三月十五日恢復工作
備考	台設嶧縣			

河南省

組織名稱	河南站	鄭州行動小組	鄭州組	開封組	開封行動小組
組織本年內變動情況和日期		二月四日成立			六月三十日成立
負責人姓名	岳燭遠	張文驤	張毓孟	王普慶	崔方坪
負責人年齡	36	44	37	40	30
負責人籍貫	安徽	河南	河南	河南	河南
負責人出身	軍校六期	陸軍檢使署軍官教導團	河南國民師範	省立第五師範	軍校駐豫軍官團
負責人參加工作年月	21/03	27/07	23/09	26/06	26/10
電台主任報務員	阮緒良 李之彬		關守仁	楊福成	
電台本年內變動情況					
備考	站部及台均設鄭州				

組織名稱	豫警局坐探組	歸德組	安陽組	安陽行動小組
組織本年內變動情況和日期				
負責人姓名	卜亨齋	孫家麒	謝梅村	師振東
負責人年齡	50	30	33	29
負責人籍貫	河北	河南	河南	河南
負責人出身	北京大學	商邱縣立師範	中央陸軍教導團	省立高級師範
負責人參加工作年月	27/06	27/05	23/12	26/12
電台主任報務員		孫世圻	陸品侯	
電台本年內變動情況				
備考				

組織名稱	新鄉組	潢川組	周家口組	信陽組
組織本年內變動情況和日期				
負責人姓名	谷瑞兆	李幕林	杜民鐸	傅逸賢
負責人年齡	29	33	32	35
負責人籍貫	河南	安徽	河南	河南
負責人出身	軍校駐豫軍官教導團	河南留學歐美預備學校	淮陽舊制中學	四集團軍軍官教育團
負責人參加工作年月	24/08	24/03	26/10	28/02
電台主任報務員	朱旭東	蘇公銳	史慶餘	王正烽
電台本年內變動情況				三月廿四日由羅山移建
備考				

組織名稱	漯河組	襄城組	駐馬店組	洛陽組
組織本年內變動情況和日期				
負責人姓名	許崇如	秦舞基	王益民（代）	魏毅生
負責人年齡	34	30	31	27
負責人籍貫	河南	河南	河南	河南
負責人出身	第一集團軍政治訓練班	焦作高中師範科	東北講武堂	省立百泉師範
負責人參加工作年月	27/01	23/09	28/01	24/07
電台主任報務員	朱嘉	殷寶春	陳建燦	周召棠
電台本年內變動情況				
備考				

組織名稱	沁陽小組	陝州組	道口組	許昌組
組織本年內變動情況和日期	三月十三日成立		原內黃組，八月一日遷道口改稱	
負責人姓名	宋玉江	李希純	李良晨	尚聿修
負責人年齡	24	33	35	31
負責人籍貫	河南	山西	河南	河南
負責人出身	中央警校特警班一期	太原師範、軍校軍官研究班	汲縣中學	河南師範
負責人參加工作年月	27/10	24/03	26/10	27/04
電台主任報務員		王介毅		梁維漢
電台本年內變動情況				
備考				

組織名稱	南陽組	方城組	臨汝組	直屬交通小組
組織本年內變動情況和日期				豫南、豫北二交通小組合併改稱
負責人姓名	閻俊士	于榮岑	張德楨	谷瑞兆（兼）
負責人年齡	29	27	39	29
負責人籍貫	河南	河南	河南	河南
負責人出身	民國大學	省立百泉師範	東南大學	軍校駐豫軍官教導團
負責人參加工作年月	23/09	26/12	27/04	24/08
電台主任報務員	厲天才	郭維雙	唐其采	
電台本年內變動情況				
備考				

陝西省

組織名稱	西北區	寶雞組	咸陽小組	洛川組
組織本年內變動情況和日期				
負責人姓名	李人士	李樾村	王慕曾（兼）	李友三
負責人年齡	31	39	33	36
負責人籍貫	湖南	河北	浙江	陝西
負責人出身	軍校六期	西北幹部學校	浙警官學校	軍校四期及南京特訓班
負責人參加工作年月	26/03	27/03	24/05	22/02
電台主任報務員	王永祺 戚家麟	郭如龍		孟肇嘉
電台本年內變動情況				
備考	區部及台均設西安（內有一特務組）			

組織名稱	延安小組	綏德組	蒙旗組	西安站
組織本年內變動情況和日期				
負責人姓名	汪克毅（兼）	唐伯先	褚大光	許先登
負責人年齡	26	32	35	33
負責人籍貫	江蘇	湖南	遼寧	山東
負責人出身	上海無線電專修學校	湖南�江中學	軍校政訓研究班	濟南工業專校
負責人參加工作年月	22/01	26/06	22/03	23/09
電台主任報務員		于文華	楊致中	郝光模
電台本年內變動情況				
備考			組部及台均設榆林	下轄四小組

組織名稱	潼關組	渭南組	漢中站	安康小組
組織本年內變動情況和日期			七月二十七日由組改站	七月廿七日成立
負責人姓名	王鳳梧	任鴻猷	高曾傳	周昌嗣
負責人年齡	36	31	38	25
負責人籍貫	河北	陝西	陝西	湖北
負責人出身	保定軍官學校九期	第五軍軍事政治學校、中央警校特警班一期	軍校六期	浙警校四期及星子特訓班
負責人參加工作年月	26/10	27/06	21/02	25/12
電台主任報務員	任伯春	楊炳桓	張昭	
電台本年內變動情況		三月廿六日暫停，三月廿九日恢復		
備考				

山西省

組織名稱	山西站	運城組	臨汾組	長治組
組織本年內變動情況和日期				
負責人姓名	薄有錢	張興華	王和眾	郭河清
負責人年齡	35	36	32	35
負責人籍貫	山西	山西	山西	山西
負責人出身	軍校四期	省立二師附設英語專修科	軍校六期	中學
負責人參加工作年月	22/07	23/09	21/06	27/06
電台主任報務員	魏坤宇	解直生	史秉權	柴雨聲
電台本年內變動情況				
備考	站部及台均設太原			

組織名稱	太原組	第一行動小組	第二行動小組	岢嵐組	大同小組
組織本年內變動情況和日期				七月七日成立	
負責人姓名	郭秀峰	王遜齋	李范山	呂仕倫	張存仁
負責人年齡	28	26	33	30	37
負責人籍貫	山西	山西	山西	山西	山西
負責人出身	山西大學	華北大學	山西平民高中	中央警校特警班一期	軍校六期
負責人參加工作年月	26/10	27/05	27/05	27/07	21/11
電台主任報務員	曲學人			王有為	
電台本年內變動情況	一月廿三建立			八月三日建立	
備考					

甘肅省

組織名稱	蘭州站	隴東組	天水小組	肅州組	平涼組
組織本年內變動情況和日期			十一月廿八日成立		六月十五日成立
負責人姓名	霍立人	鄭康	楊學重	劉澍東	蔡綏堂
負責人年齡	37	37	30	39	35
負責人籍貫	湖南	甘肅	甘肅	四川	河南
負責人出身	西北陸軍幹部學校	省立一中	省立一中	軍委會交通研究所	河南師範
負責人參加工作年月	25/03	24/08	26/04	25/03	27/07
電台主任報務員	南鴻奎常希武	關國光		鄒青林	曲重光
電台本年內變動情況		一月廿日移建天水			八月十日建立
備考	下轄二小組	組部及台均設天水			

新疆省、青海省、寧夏省

組織名稱	迪化小組	青海小組	新青海小組	寧夏站
組織本年內變動情況和日期			二月九日成立	二月四日由組改站
負責人姓名	郭也生	原春暉	張元彬	史泓
負責人年齡	26	32	33	34
負責人籍貫	河南	河南	青海	河北
負責人出身	北平大學	河南高中	中央政治學校蒙藏班	軍校政訓班一期
負責人參加工作年月	26/06	25/05	25/09	22/02
電台主任報務員				馮奎文
電台本年內變動情況				
備考				

福建省

組織名稱	閩南站	行動小組	漳州組
組織本年內變動情況和日期			
負責人姓名	陳式銳	張靜山	陳達元
負責人年齡	32	45	35
負責人籍貫	福建	福建	福建
負責人出身	廈門大學	惠安中學	金陵大學
負責人參加工作年月	26/08	24/09	25/04
電台主任報務員	蔡緯訓		
電台本年內變動情況			
備考			

組織名稱	泉州組	永德小組	晉惠小組
組織本年內變動情況和日期		七月十五日成立	七月十五日成立
負責人姓名	陳德星	林春暉	蔣德庸
負責人年齡	35	34	20
負責人籍貫	福建	福建	福建
負責人出身	廈門大學	泉州中學	泉州西隅師範
負責人參加工作年月	23/09	22/02	27/09
電台主任報務員	李拯民		
電台本年內變動情況			
備考			

組織名稱	莆仙小組	金同小組	行動小組
組織本年內變動情況和日期	七月十五日成立	七月十五日成立	
負責人姓名	林舍予	許鐵堅	呂鵬琦
負責人年齡	34	33	50
負責人籍貫	福建	福建	福建
負責人出身	省立第十中學	集美中學	
負責人參加工作年月	23/05	27/10	28/10
電台主任報務員			
電台本年內變動情況			
備考			

組織名稱	雲霄組	龍岩組	廈鼓特別組	廈鼓行動小組
組織本年內變動情況和日期				
負責人姓名	劉楚夫	孔慶懷	陳清保	陳清保（兼）
負責人年齡	30	37	43	
負責人籍貫	廣東	福建	福建	
負責人出身	省立一中	福州法專附中	同文書院	
負責人參加工作年月	23/08	24/03	27/08	
電台主任報務員	朱定邦		陳娛祖	
電台本年內變動情況			五月十三日暫停，三十一日恢復	
備考				

組織名稱	閩北站	行動小組	福州小組	福州預備小組
組織本年內變動情況和日期		八月十九日成立		
負責人姓名	嚴靈峰	楊又凡	鄭琦	陳國光
負責人年齡	35	35	29	27
負責人籍貫	福建	安徽	福建	福建
負責人出身	莫斯科東方大學	軍校政訓班一期	中央警校特警班一期	中央警校特警班一期
負責人參加工作年月	24/07	26/08	27/10	27/10
電台主任報務員	趙其元 林組琛			
電台本年內變動情況				
備考				

組織名稱	反間小組	南永組	水上密查小組	特務小組
組織本年內變動情況和日期				
負責人姓名	張子白	卞浩	余鐘民	王調勛
負責人年齡	30	37	32	28
負責人籍貫	福建	福建	湖北	福建
負責人出身	福建格致學院	光華大學	莫斯科東方大學	軍校特訓班
負責人參加工作年月	23/05	23/02	22/04	23/02
電台主任報務員		董志勛		
電台本年內變動情況				
備考		組部及台設南平		

廣東省

組織名稱	香港區	廣州灣組	瓊崖組	瓊崖特別小組
組織本年內變動情況和日期	三月六日由站改區			
負責人姓名	王新衡	鄭英有	吳仕伶	徐介之
負責人年齡	31	30	36	36
負責人籍貫	浙江	廣東	廣東	廣東
負責人出身	莫斯科中山大學	暨南大學	軍校四期	軍校七期
負責人參加工作年月	21/11	24/07	22/12	28/02
電台主任報務員	苗傑 程濟 陳少白	彭憶民	龍見田	
電台本年內變動情況	港三台七月二十一日被破獲			
備考	下轄七小組（內有一行動小組）			

組織名稱	廣九組	北海組	合浦小組
組織本年內變動情況和日期			十二月二日成立
負責人姓名	鍾醒魂	吳迺應	陳旺權
負責人年齡	39	27	
負責人籍貫	廣東	廣東	
負責人出身	紫金師範、廣東憲兵講習所	中學	
負責人參加工作年月	26/12	26/08	28/08
電台主任報務員	陳智謀	吳民光	
電台本年內變動情況			
備考	組部及台均設深圳	內有二小組	

組織名稱	澳門站	澳門跟蹤小組	澳門行動小組
組織本年內變動情況和日期	五月廿三日由組改站		
負責人姓名	岑家焯	許福林	岑家焯（兼）
負責人年齡	36	44	36
負責人籍貫	廣東	廣東	廣東
負責人出身	軍校三期	行伍	軍校三期
負責人參加工作年月	25/04	28/03	25/04
電台主任報務員	王堅如 蕭崇禹		
電台本年內變動情況	蕭台十一月廿五日建立		
備考			

組織名稱	廣州站	交通小組	第一行動小組	第二行動小組	第三行動小組
組織本年內變動情況和日期	三月十七日成立	六月廿四日成立			
負責人姓名	謝鎮南	梁裕慶	杜潤生	楊贊明	蘇忠
負責人年齡	33	25	32	39	27
負責人籍貫	廣東	廣東	廣東	廣東	廣東
負責人出身	軍校三期	初中	小學	初中	
負責人參加工作年月	25/04	28/03	28/11	28/11	28/11
電台主任報務員	曾經海 梁穆				
電台本年內變動情況	曾台五月一日自韶關移建，梁台十二月五日被破獲				
備考	內有五小組				

組織名稱	粵北站	曲江行動小組	樂昌組	清遠組
組織本年內變動情況和日期	三月廿七日由曲江組升改		四月四日成立	
負責人姓名	馮德恭	陳其忠	馮偉	黃多能
負責人年齡	39	34	31	36
負責人籍貫	廣東	廣東	廣東	廣東
負責人出身	莫斯科中山大學	鄉村師範	粵地方自治人員訓練班	上海法政大學
負責人參加工作年月	25/08	26/06	24/03	27/08
電台主任報務員	吳俠		徐慶之	陳國璋
電台本年內變動情況			八月九日由坪石移建	
備考				

組織名稱	潮汕組	潮汕交通小組	梅縣組	惠楊組
組織本年內變動情況和日期				
負責人姓名	黃森	梁詩	謝惠南	凌翀
負責人年齡	33	37	32	34
負責人籍貫	廣東	廣東	廣東	廣東
負責人出身	軍校七期	省立中學	杭警校甲訓班五期	浙警校正科二期及杭甲訓班一期
負責人參加工作年月	27/10	23/01	24/08	22/02
電台主任報務員	陳一心		司徒襄	夏曉峰
電台本年內變動情況	五月十三日被炸，六月十九日重建			
備考	組部及台均設汕頭			

組織名稱	汕尾組	台山組	稅警組
組織本年內變動情況和日期			
負責人姓名	陳崇德	麥維鏗	吳恕
負責人年齡	37	37	35
負責人籍貫	廣東	廣東	湖南
負責人出身	海豐縣立中學	第十一軍軍官教導團預備隊	中國國民黨政治講習班
負責人參加工作年月	27/02	27/10	21/11
電台主任報務員	李宗澤	李樹華	
電台本年內變動情況			
備考		台設江門	組部設韶關

廣西省

組織名稱	廣西站	鎮南關小組	桂林組	柳州組	南寧小組
組織本年內變動情況和日期					二月四日成立
負責人姓名	謝代生	鄧慶修	陳卓峰	梁兆藝	韋永超
負責人年齡	32	31	30	33	31
負責人籍貫	廣西	廣西	廣西	廣西	廣西
負責人出身	金陵大學	法國巴黎大學	靖西縣立中學	軍校一分校一期	軍校特訓班
負責人參加工作年月	22/10	25/07	24/06	25/07	23/04
電台主任報務員	霍謙益		楊鐵英	呂挽瀾	
電台本年內變動情況			十二月十五日暫移往遷江		
備考	站部設南寧				

貴州省、雲南省

組織名稱	貴州站	鎮遠小組	雲南站
組織本年內變動情況和日期		十月廿一日成立	二月四日奉令恢復
負責人姓名	陳世賢	王亮	徐鶴林
負責人年齡	34	34	37
負責人籍貫	貴州	浙江	浙江
負責人出身	軍校高教班四期	第十四師官佐訓練班	航空學校軍官佐軍事訓練班
負責人參加工作年月	27/05	23/05	27/12
電台主任報務員		車自行	陳瓊
電台本年內變動情況			
備考	站部設貴陽		站部設昆明

國外

組織名稱	暹羅組	星洲組	越南組
組織本年內變動情況和日期	八月十五日成立	十一月廿三日成立	一月十五日成立
負責人姓名	邢森洲	曾廣勛	方炳西
負責人年齡	42	37	33
負責人籍貫	廣東	湖南	江蘇
負責人出身	湖南南樓鐵道學校	東京帝國大學院	杭特訓班四期比國比京大學
負責人參加工作年月	21/05	23/06	23/03
電台主任報務員	薛得時		王樂
電台本年內變動情況	十一月六日建立		二月十六日建立
備考	組部台設盤谷		組部及台均設河內

組織名稱	河內小組	海防小組	緬甸組	臘戍小組
組織本年內變動情況和日期	七月十五日成立		一月二十日成立	八月九日成立
負責人姓名	林金蘇	葉卓	郭壽華	蘇子鵠（兼）
負責人年齡	30	35	39	39
負責人籍貫	廣東	廣東	廣東	雲南
負責人出身	震旦大學越南東法大學	吳淞中國公學美國波士頓大學研究院	俄國中山大學及日本明治大學	軍校四期
負責人參加工作年月	28/03	28/08	27/03	21/04
電台主任報務員				
電台本年內變動情況				
備考				

其他

組織名稱	冀察戰區流動組	華北軍事組	華北流動組	粵北軍事組
組織本年內變動情況和日期	十二月七日成立			
負責人姓名	周紹文	嚴家誥	李敦宗	杜達
負責人年齡	27	32	32	33
負責人籍貫	綏遠	雲南	湖南	雲南
負責人出身	軍校九期及杭州甲訓班五期	軍校軍官研究班	軍校四期	陸軍大學十三期
負責人參加工作年月	24/08	25/09	25/08	28/03
電台主任報務員	韓祥光	顧一鳴	張有道	蕭淼基
電台本年內變動情況				原設翁源，二月十三日移建韶關
備考	電台為軍用十四台，駐邢台	組及台隨孫殿英部駐河南林縣	組及台隨華北戰地服務團雷鳴遠駐山西夏縣	組部及台均設韶關

組織名稱	特種偵察組	麗水小組	陝北小組	朝鮮特別組	禁烟密查組
組織本年內變動情況和日期					
負責人姓名	程慕頤	吳亦起	程慕頤（兼）	陳國斌	倪超凡
負責人年齡	31	31		41	38
負責人籍貫	浙江	浙江		朝鮮	安徽
負責人出身	浙警校正科二期	浙警校速成科二期		軍校四期	粵十一軍軍官教導隊
負責人參加工作年月	22/02	22/08		25/02	21/05
電台主任報務員					
電台本年內變動情況					
備考	組部設麗水			組部設桂林	組部設重慶

組織名稱	空軍站	第一小組	第二小組
組織本年內變動情況和日期			
負責人姓名	左澤淦	彭允南	陶叔淵
負責人年齡	29	30	55
負責人籍貫	湖北	湖北	浙江
負責人出身	軍校六期、粵航校飛行科	軍校八期、中航校二期飛行科	日本大學
負責人參加工作年月	23/10	27/07	27/07
電台主任報務員			
電台本年內變動情況			
備考			

組織名稱	鐵道組	隨節特務股	特種問題研究組
組織本年內變動情況和日期			七月廿一日成立
負責人姓名	陳紹平	黎鐵漢	張國燾
負責人年齡	35	35	45
負責人籍貫	湖南	廣東	江西
負責人出身	軍校二期日本騎兵學校	參謀本部特警班	北京大學
負責人參加工作年月	23/08	21/05	28/07
電台主任報務員			
電台本年內變動情況			
備考	下轄粵漢路小組		

（五）外勤組織變更統計表

年度 ＼ 區別	情部佈置				行動佈置			
	區	站	組	小組	總隊	隊	組	小組
上年組織數	7	29	154	108	2	10	4	13
本年異動數 成立	3	9	32	25		3	2	14
本年異動數 撤消		2	21	5		2	1	1
現有組織	10	36	165	128	2	11	5	26
現有人數	4,874				567			

註：粵漢路北段爆破隊列入行動隊內

（六）外勤組織被敵偽破壞之情況

本年來敵方因深感用軍事無法解決中國問題，同時又苦於王克敏、梁鴻志所領導之南北兩偽組織，無力與我國民政府抗，仍圖貫徹以華制華之陰謀，故利用汪逆精衛謀擴大漢奸運動。汪逆則利用過去參加中央特工之丁默村，與由黨部雖已開釋仍在監視在武漢潛逃之共黨份子李士羣，在滬組織偽特工總指揮部為其鷹犬，聯絡敵方憲兵，以威脅利誘破壞我工作，冀作一網打盡之計。自七月十四日王天木、陳第容等在滬叛變之後，我各地工作先後被其破壞者，有上海、南京、青島、龍口、平、津、武、漢等地區，敵偽躊躇滿志，以為從此可肅清中央在淪陷地區之特工組織矣。殊不知本局外勤工作之佈置，自抗戰軍興以來，早已於淪陷地區及前線各重要城市，實施複線與雙軌之制度，故遇一組織被敵偽破壞，必有起而代之者。又依例在絕對不發生橫的關係之原則下，每一單位負責人，除其職轄範圍內之工作外，他非所知，因此一方雖遭破壞，而其他部分仍能繼續工作，照常工作。其中僅青島與龍口兩地，因督察室主任傅勝藍，時適巡視山東，考察該地工作，原任站長

賈心吾因工作不利，調渝議處，由傅負責整理，受青島行動組長趙剛義叛變之影響，被敵逮捕，嚴刑逼供，致將在青、龍兩地整個組織供出，所有工作人員多數被捕，少數逃脫，刻正在繼續佈置外，餘已恢復常態，而上海之情報與行動工作，較前益加強矣。

又特務工作人員，對於本身所負之使命與其職責，應有堅決不拔之信念，此信念無他，即成功與成仁是也。一年來本局工作之遭破壞者，雖由於敵偽之毒計，而身為負責人如王天木之認識不清，醉心利祿，一經利誘，遂不惜背叛組織，與上海區長趙理君，於接得本局予王天木以制裁之命令，不能堅決行動，先發制人，致王得煽動陳第容等附逆叛變，破壞我上海、南京、平、津、青、龍之組織。此事發生之結果，與本局事後之補救，實開本局工作以來未有之波動，時間經濟，俱極耗費。而尤感痛心之事，則一年來各地工作人員在敵偽注視之驚濤駭浪中，經敵偽以同一威脅利誘之方式下，始終不屈以致殉職者，凡十八人（見工作人員犧牲情況統計表）。此殉職之人員，在本局之地位與歷史，均不若王天木之高深，而皆能慷慨赴義，殺身成仁，以此例彼，更足證明鈞座嘗語生云：「生活與工作適成一反比例，生活高者，其工作成績必低」之昭示。蓋詳稽王天木叛變之主因，實其生活趨于腐化之所致，本局督察不週，誠難辭其咎。前車之覆，後車之鑑，故本局今後對內外工作，除加強督察外，而對於工作人員生活之調查與統制，當更期週密矣。

至本局關於處置叛逆人員，不論其為威脅或屬利

誘，但一經發現其有叛變之事實，而無法可以挽救令其將功贖罪者，為鞏固組織與執行紀律計，皆斷然予以制裁，如過正根、趙剛義、何行健、陳第容等逆之先後伏誅，即其明證，其他少數叛逆之徒，亦在我控制與相機制裁之中。茲將各地組織破壞情形，摘述如次。

上海區

王天木於本年二月交卸上海區代理區長後，原派往平、津指揮行動工作，嗣忽于六月杪擅自離津至滬，並擅調無線電修理員褚亞鵬從行，復貽書與生有辭職出國之表示，且行蹤詭秘，生推測當時上海之情勢，與王天木過去之所為，斷定其將必有背叛組織之行為，故於七月七日密令上海區長趙理君即予制裁，防患未然，詎趙以王已有戒備，未能堅決行動，致王勾結陳第容叛變投逆，于七月十四日報由敵憲兵隊派遣便衣憲兵，會同兩租界捕房，搜查我滬區人員住所及辦公地址達十三處之多，雖幸我工作同志，事前得捕房運用人員密告，主要人員未遭逮捕，但組織被其破壞，工作殊受其影響，該區負責人未能嚴格執行命令，實應負責也。

南京區

陳第容原為京區之內勤，負管理人事之責，當二十六年十二月，國軍撤退南京時，陳因未奉命令隨軍擅自撤退，故予監禁。迨刑期屆滿，適滬區區長周偉龍被捕，滬區原有內勤人員分別潛伏或調動，乃派陳前往接管人事。詎陳接事後，對於滬區制裁陳籙事成之獎

金，要求分潤，當以特工人員貪得非份之財，顯已違反革命特工之精神，故當即電令滬區代理區長趙理君調回議處。卒以趙因滬區甫經事變，人員調動頻繁，請求緩調，陳亦以悔過報國而不果，致令王天木得勾結陳投敵附逆。以南京區工作為其素稔，料其必進一步破壞京區工作，當即電知京區區長錢新民，一面防範，一面作制裁陳逆之準備。但彼時離南京敵領館毒殺案未久，我京區負責人潛伏浦鎮附近辦理善後，留情報組長譚文質在京負責。陳逆與譚過去均為京區工作人員，陳逆于八月十九日會同敵駐京憲兵隊，搜捕我京區辦公地址及人員，致內勤譚文質、楊國棟同時被捕，經敵憲兵與陳逆多方威脅利誘，迫譚等附逆，于九月十一日破獲我在城內之電台，並捕去工作人員多名。我京區書記兼行動組長尚振聲，於敵偽搜捕之中，化裝常出入挹江、和平諸門，辦理善後恢復工作，並策劃制裁叛逆譚文質、楊國棟諸逆，其忠勇誠不多見也。

安慶站

八月十二日上午四時，有冒充諜報股股員之楊自元，向安慶偽二區告密，率領偽警及敵兵將站長蔡慎初及交通楊自勝、勤工楊自木捕去，並搜去手槍兩枝及文件等。蔡被捕後迭經敵偽威脅利誘，不為所動，除直認為諜報股長外，餘無口供，經敵押解南京時，沿途高唱革命軍歌，激昂慷慨，聞者動容，迄今生死不明。

杭州站

自該站聯絡員趙懿義於六月二十一日被偽警捕獲後，該站長毛善森亦於八月十八日被偽綏靖部派隊拘捕，計移押三處，審訊十餘次，威脅利誘，無所不用其極。毛態度堅決，但求速死，無一字之供認，又因在敵偽嚴密監視之下，雖屢圖自殺，亦均未遂，嗣由我方運用之偽嘉興綏靖司令徐樸誠之女婿孫立達向徐多方營救，乃於十一月十二日開釋。

天津區

津區區長曾澈於九月二十七日在天津河北大經路，被偽警及敵憲兵捕去，二十八日晨，敵便衣憲兵會同英、法捕房，在英、法兩租界大舉搜查我中央工作人員，當時被捕者有天津站陳資一、軍事組長鄭恩普、抗日鋤奸團團員李如鵬等多人，陳等於十月十四日被敵方引渡。查曾自被捕後，即押往特二區福安街敵憲兵隊部第三留置場羈押，經敵嚴刑拷訊，絕口不供隻字，並實行絕食，敵方恐其餓斃，每日為注射牛奶針，現仍在押訊中。查曾同志參加本局工作七年，去年以津區書記代理區長，平日生活之刻苦，工作之負責，尤其能得一般青年同志之信仰，在平、津領導各大中學生抗敵鋤奸團內外團員三百餘人，不支中央生活，迭次剷除巨奸，頗著功績，當程逆錫庚案發，天津英、法兩租界當局態度軟化，英租界被敵封鎖之後，曾同志不避艱險，於最短期間，能將工作重心移至華界，並能打入日本租界活動。本局以曾同志在天津負責，原為王逆天木所洞悉，

故迭電促回重慶，詎曾同志急圖制裁金融巨奸唐某，一再延期南下，致為王逆天木之舊屬裴吉珊、張奉馨兩逆在途之指捕而被逮，現正由本局運用中外人士多方營救中。

北平站

十一月二十四日北平站長周世光，在延安寺五號被敵拘捕，繼而平區內勤楊榮俊及李銳夫婦，與平區電台，亦被破獲。時我平區區長劉藝舟，接事未久，對外勤各站組之聯絡指揮，均未熟悉，突遭事變，工作未免受其影響，幸係雙軌佈置，工作尚不至完全停頓。

青島站

青島站行動組長趙剛義，假赴滬領取經費為名，于十一月十五日自滬引領敵憲兵抵青，逮捕代理青島站長傅勝藍，並搜去工作人員之化名冊，用種種威脅利誘之手段，逼傅供出所屬同志之住址。無如傅意志不堅，被其軟化，竟將在青工作人員住址，大部供出，被敵捕去。傅並在敵偽監視下，表示投敵附逆，復供出威海衛、龍口兩地之組織，同被破獲，各該地電台，亦遭破獲，現趙逆剛義雖已在滬制裁，但傅逆勝藍尚未就戮，以本局督察主任暫代青島站長，一經被捕，即俯首降敵附逆，此係本局之奇恥大辱也，現正多方進行制裁中。

武漢區

武漢區勤工丁樹修因事被區長李果諶斥責，懷恨向

敵告密，於十二月十七日晚，敵派警探二百餘人，在法
租界搜捕，機關及電台均被破獲，區長李果諶，工作人
員成新廉（女）、杜磯、姚正毅（女）、萬德浩（報務
員）、曾賓秋六人被捕，並搜去電機、文件、名冊等。
十八日午後，李、成、杜三人被敵引渡，現押中央銀行
敵美座憲兵隊，餘三人仍在交涉引渡中。李等迭經敵威
脅利誘，迄無口供，李並表示願為國犧牲，武漢三鎮人
士，對李之不屈，認為有骨氣，備致贊揚。因武漢區
工作係雙軌佈置，故雖一部分遭受破壞，一部份仍照
常活動。

（七）分佈各公開機關人員一覽表

警務

機關名稱	職別	姓名	年齡	籍貫	出身	參加工作年月
內政部警政司	司長	酆裕坤	38	湖南	美國華盛頓大學英國伯明罕警察學校	24 年
內政部警察總隊	總隊長	任建鵬	38	湖南	軍校及湖南講武堂	22/04
廣東警察總隊	總隊長	李國俊	37	廣東	軍校四期留學日、奧	22/03
重慶市警察局	局長	徐中齊	34	四川	軍校五期奧國警官大學	27/09
浙江警察教練所	所長	阮篤成	34	浙江	法國都魯斯大學	24/06
陝西省會警察局	督察長	舒　翔	38	浙江	浙江警校速成科中央警校教育班	24/11
甘肅省會警察局	局長	馬志超	36	陝西	軍校一期	24/04
福建省會警察局	局長	馬憑組	35	浙江	浙江警校速成科日本警察傳習所	22/05
貴州省會警察局	局長	陳世賢	35	貴州	軍校高教班四期	27/05
衡陽警察局	局長	鍾承謨	32	湖南	軍校六期	27/10
宜昌警察局	局長	劉漢東	31	湖南	浙警校速成科一期	26/08
平涼警察局	局長	郭　莊	30	甘肅	浙警校正科三期	27/09

查緝

機關名稱	職別	姓名	年齡	籍貫	出身	參加工作年月
中央訓練團警衛組	副組長	胡友為	35	四川	軍校五期及高教班南京特訓班三期	23/08
禁烟密察組	組長	倪超凡	38	安徽	廣東十一軍軍官教導隊	21/05
重慶衛戍總部稽查處	處長	趙世瑞	34	浙江	軍校四期	21/03
川康綏靖公署稽查處	處長	何龍慶	31	四川	軍校四期	21/07
常德警備部稽查處	處長	沈　醉	26	湖南	東北軍官訓練班	22/07
廣東緝私處	處長	張君嵩	40	廣東	軍校一期	25/07

交通

機關名稱	職別	姓名	年齡	籍貫	出身	參加工作年月
交通部隊警總局	副局長	陳紹平	35	湖北	軍校二期 日本騎兵學校	23/08
後方勤務部 警護隊	隊長	喻耀離	37	江西	軍校五期 南京軍校軍官團研究班	21/08
西南運輸處 警衛稽查組	組長	張炎元	40	廣東	軍校二期 軍校特別研究班	21/01
西南運輸處 仰光分處	處長	陳質平	37	廣東	蘇俄東方大學	24/08

情報

機關名稱	職別	姓名	年齡	籍貫	出身	參加工作年月
軍令部第二廳	副廳長	鄭介民（兼）				
軍令部第二廳第四處	處長	魏大銘（兼）	32	江蘇	前交通部上海電訊學校	22/03
航委會政治部	主任	簡樸	36	湖北	軍校四期	21/11
西北行營第四科	科長	李人士	31	湖南	軍校六期	26/03
桂林行營 參謀諜報組	組長	楊繼榮	31	湖南	軍校四期	26/07
成都行轅第三科	科長	張毅夫	40	湖南	北平師範大學	21/07
西昌行轅第三組	組長	徐遠舉	26	湖北	軍校七期 浙警校甲訓班	22/03
浙江保安處 諜報股	股長	童襄	31	浙江	軍校四期	23/12
浙江省府行署第三科	科長	廖公劭	32	浙江	軍校四期	25/06
福建綏靖公署情報處	處長	毛應章	33	浙江	軍校六期	27/04
福建保安處 諜報股	股長	莊心田	26	江蘇	軍校特訓班	26/11
江西保安處 諜報股	股長	謝厥成	33	湖南	軍校特別研究班	21/09
安徽保安處 諜報股	股長	周翼	33	湖南	第二軍官教育團	22/05
湖南保安處第五科	科長	金遠詢	34	湖南	湖南建國法政專校	22/06
湖北保安處第四科	科長	朱若愚	35	湖北	湖北法政大學	22/06

機關名稱	職別	姓名	年齡	籍貫	出身	參加工作年月
河南保安處諜報股	股長	王鴻駿	34	上海	軍校四期	24/04
甘肅保安處諜報股	科長	李克青	36	河北	河北水產學校	24/10
貴州保安處第四科	科長	黃毅夫	33	湖南	軍校四期	25/08
廣東民政廳第六科	科長	梅光培	54	廣東	美國芝加哥大學	24/06
廣東保安處	副處長	吳洒憲	37	廣東	軍校一期	23/04
浙江保安司令部情報組	組長	葉寶銓	32	浙江	浙江省立地方自治專校	25/06

地方行政

機關名稱	職別	姓名	年齡	籍貫	出身	參加工作年月
福建第一區專員公署	專員	胡國振	36	浙江	軍校四期	22/03
安徽第六區專員公署	專員	盛 瑜	33	安徽	南京河海工程大學軍校六期	27/03
黔陽縣政府	縣長	王 湘	39	湖南	北平大學	21/10
蒲城縣政府	縣長	王撫洲	40	河南	美國華盛頓省立大學	26/08
息烽縣政府	縣長	鄧匡元	34	廣西	軍校四期	23/04
鶴山縣政府	縣長	歐 兼	39	廣東	軍校五期	23/04

郵檢

機關名稱	職別	姓名	年齡	籍貫	出身	參加工作年月
重慶新聞郵電檢查所	所長	鍾貢勛	32	湖南	中山大學文學士	25/10
萬縣郵檢所	所長	王啟升	33	湖北	莫斯科中山大學	22/06
瀘縣郵檢所	所長	張雲樵	31	四川	四路軍軍官教導團	23/05
自貢郵檢所	所長	張心基	37	四川	浙警校速成科一期	23/12
遂寧郵檢所	所長	魏文祥	39	湖南	華容縣立中學	21/11
康定郵檢所	所長	徐昭駿	34	四川	軍校四期	24/01
廣元郵檢所	所長	李又芸	31	四川	軍校六期	26/05
雅安郵檢所	所長	朱耀寰	30	安徽	暨南大學浙警校甲訓班六期	23/08
西昌郵檢所	所長	黃君嘯	32	四川	浙警校速成科一期	28/02
遵義郵檢所	所長	李邦勛	35	湖北	北京畿輔大學	21/12

機關名稱	職別	姓名	年齡	籍貫	出身	參加工作年月
畢節郵檢所	所長	王　庸	34	湖北	軍委會幹部訓練班	26/04
安順郵檢所	所長	羅卓勛	38	湖南	內政部警官高等學校	27/08
獨山郵檢所	所長	袁安黎	42	江西	江西省立師範 浙警校速成科一期	22/07
鎮遠郵檢所	所長	王　亮	38	浙江	浙江第一中學	23/05
洪江郵檢所	所長	郭雁翎	37	安徽	東南大學政治經濟系	22/12
耒陽郵檢所	所長	劉之盤	33	湖南	武昌商科大學 莫斯科中山大學	23/12
沅陵郵檢所	所長	陳拔萃	38	湖南	北平中國大學 杭州特訓班	21/09
曲江郵檢所	所長	羅杏芳	35	湖南	軍校六期	25/12
吉安郵檢所	所長	詹黎青	37	江西	軍校六期 軍校憲警班	22/06
福州郵檢所	所長	姚則崇	37	湖南	軍校六期	23/03
立煌郵檢所	所長	張泰洵	33	安徽	安徽公立法政專校	22/07
洛陽郵檢所	所長	李綏新	38	湖北	武昌中華大學	22/11
蘭州郵檢所	所長	曾昭善	37	湖南	軍校五期	23/07

二、人事概況

（一）工作人員異動統計表

	一月	二月	三月	四月	五月	六月
任用	236	179	96	214	112	108
試用	81	146	75	91	48	61
調任	213	458	328	359	197	241
兼職	37	46	3	11	5	17
外層人員免職	55	192	31	30	15	16
試用人員停職			67	46	31	40

	七月	八月	九月	十月	十一月	十二月	共計
任用	137	112	166	224	347	444	2,375
試用	64	61	112	77	43	77	936
調任	190	188	224	265	232	225	3,120
兼職	10	4	4	13	17	13	97
外層人員免職	35	20	42	75	33	66	446
試用人員停職	57	72	45	13	84	96	758

（二）工作人員犧牲情況統計表

	殉職	遇難 42		被捕 197		死亡 44		失蹤
		被炸	被害	已釋	未釋	病故	自殺	
局本部						2		
電訊	2	3	3	8	5	2		12
外勤	15	12	10	41	133	26		9
交通	1		3	1	9	2		5
公開機關		3				1	1	
特務隊		2						
訓練班		2				6		
禁閉						3		
兵伕		4				1		3
合計	18	26	16	50	147	43	1	29

備註：自殺一人為前重慶衛戍司令部稽查處督察長王
　　　克全，因在漢口市警察局偵緝隊長任內，曾有
　　　收受商款數千元嫌疑，並有報銷不清情事，本

年六月間正由督察室檢舉，聽候查辦時，王突
于同月二十日自戕身死。

附記：抗戰以來本局犧牲人員頗多，除分別切實註
　　　記，並酌情發給家屬維持費外，擬即彙案呈請
　　　鈞座予以撫卹。

（三）工作人員獎懲統計表

		一月	二月	三月	四月
獎	晉級	16	21	15	16
	加薪	4	47	39	25
	獎金			5	4
	記功	6		2	1
	嘉獎	16	3	10	19
懲	極刑	2		2	2
	禁閉	13	20	22	40
	降級	7	4		
	禁足			3	
	罰薪	3	8	14	12
	記過		11	28	19
	警告	5	9	16	18

		五月	六月	七月	八月
獎	晉級	10	15	16	13
	加薪	39	46	79	63
	獎金	34	15	22	
	記功	58	1	13	3
	嘉獎	10	19	33	38
懲	極刑	1	1	3	2
	禁閉	18	42	30	14
	降級	1			
	禁足			8	1
	罰薪	5	5	16	3
	記過	20	23	20	37
	警告	17	19	22	7

		九月	十月	十一月	十二月	總結	
						佔全體百分之	合計
獎	晉級	17	13	10	3	1.77%	165
	加薪	77	147	164	53	8.41%	783
	獎金	44	34	7		1.77%	165
	記功	4	1	1		0.97%	90
	嘉獎	16	31	7		2.17%	202
懲	極刑	1	3		4	0.23%	21
	禁閉	34	22	19	12	3.07%	286
	降級			1		0.14%	13
	禁足	1	1			0.14%	13
	罰薪	7	7	7		0.87%	81
	記過	28	8	5	2	2.16%	201
	警告	19	11	6	1	1.61%	150

附註：

一、關於行動案件之獎金未列入。

二、極刑包含槍決及密裁兩種。

三、總人數為 9,314。

四、關於懲處部分，包括行政與司法兩者。

附1：極刑人員名單

工作地點	職別	姓名	犯罪摘要	執行月日及地點
蕪湖組	組長	洪雲樵	偽造情報，擅自撤退	一月九日在屯溪槍決
本局	直屬員	才鴻猷	以本局給與之活動費納妾，並放棄工作	一月二十七日在津密裁
上海區	代理庶務	張維賢	捲款潛逃，經尋回後又藉詞要挾，屢思脫逃	三月十三日在浦東槍決
南京行動組	組員	鄭寒白	糜費公款，違抗命令	三月十四日在瓜埠槍決
廣州組	組員	溫國泰	勾結漢奸，破壞組織	四月二日誘往水裏地方密裁
杭州站	通訊員	李鏡秋	吸食鴉片，招搖要挾	四月二十一日在金華槍決

工作地點	職別	姓名	犯罪摘要	執行月日及地點
南京區	組長	張夢武	在滬行蹤詭秘，並勾結漢奸，出賣組織	五月三十一日在滬密裁
上海區	通訊員	徐婉玉	與其夫李天柱假借忠義救國軍名義綁票勒索	六月十五日在滬密裁
南岳游幹班	教官	王伯剛	盜竊公款一萬元，有損特工人格，判處死刑	七月一日在息烽監獄執行
重慶總台	報務員	何文光	故意怠工，貽誤機要，判處死刑	七月七日在息烽監獄執行
廣州站	通訊員	郭冠民	通敵有據，判處死刑	七月二十九日在粵執行
上海區	行動組長	過正根	投降汪逆，指捕同志	八月十七日在滬密裁
北平區	第三組組長	李達	向偽警局告密破壞工作	八月十九日在平密裁
廣州站	通訊員	黃新淦	叛變組織，甘作漢奸	九月三日在澳門密裁
南京區	會計	楊超倫	投降汪逆，破壞工作	十月三日在京制裁
南京區	助理譯電員	溫明保	將辦公室地址私告叛逆溫讚	十月三日在京制裁
淮陰組	通訊員	張傑	不服命令，謀害組長	十月八日押往興化曠野用繩勒斃
青島行動隊	隊長	趙剛義	投降汪逆，偕同敵憲兵破壞青島、威海衛、龍口等處工作	十二月十八日在滬制裁
上海區行動隊	隊員	顧克勤	叛變組織，綁架同志	十二月二十五日在滬制裁
上海區	助書	陳第容	勾結王天木叛變附逆，破壞京滬組織	十二月二十五日在滬制裁
忠義救國軍	第一縱隊指揮	何行健	通電擁護汪逆和平主張，並脅迫部屬叛變	十二月二十五日被我槍擊傷重斃命

附2：工作人員違紀已結未結案件分類統計表

	貪污	虧欠公款	不假離職	暴露秘密	行為不檢	跡近招搖	不遵命令
共計	12	4	19	15	24	13	6
已結	5	2	11	11	19	11	4
未結	7	2	8	4	5	2	2

	工作不力	生活腐化	鬥毆	傷害	竊取	矇蔽上級	合計
共計	15	16	6	2	5	4	141
已結	12	16	5	2	4	3	105
未結	3		1		1	1	36

（四）工作人員年齡統計表

	20 歲以下	21-25	26-30	31-35
局本部	36	175	87	82
電訊	249	633	217	53
交通	1	9	16	21
特務隊	48	209	110	56
外勤	187	1,089	1,524	1,373
訓練班	7	48	70	44
調訓	20	91	37	21
公開機關	75	361	394	290
禁閉	4	22	32	17
共計	627	2,637	2,487	1,957

	36-40	41-45	46-50	51 以上	總計
局本部	36	10	3	1	430
電訊	10	4	1	6	1,173
交通	12				59
特務隊	13	5	2	2	445
外勤	722	280	169	97	5,441
訓練班	20	3	1	1	194
調訓	3				172
公開機關	145	27	11	2	1,305
禁閉	12	7	1		95
共計	973	336	188	109	9,314

附：工作人員年齡比較圖

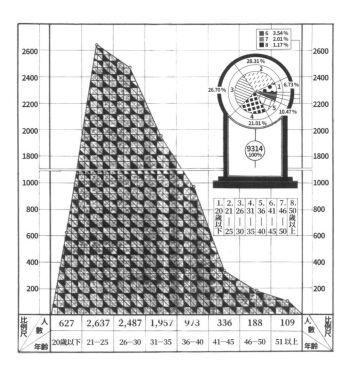

比例尺 人數	627	2,637	2,487	1,957	973	336	188	109	比例尺 人數
年齡	20歲以下	21—25	26—30	31—35	36—40	41—45	46—50	51以上	年齡

（五）工作人員籍貫統計表

	江蘇	浙江	安徽	江西	福建
局本部	46	127	21	14	7
電訊	308	225	54	28	47
交通	13	16		5	1
特務隊	53	101	37	3	1
外勤	527	563	301	233	313
訓練班	16	39	10	8	3
調訓	17	18	4	10	2
公開機關	111	293	57	25	33
禁閉	8	22	1	4	1
共計	1,099	1,404	485	330	408

	廣東	廣西	湖南	湖北	河南
局本部	21	2	62	33	17
電訊	51	3	77	60	55
交通	1		8	3	3
特務隊	5		22	27	99
外勤	514	50	542	355	322
訓練班	5		44	6	9
調訓	16	1	10	6	44
公開機關	77	9	152	123	92
禁閉	13	1	12	13	4
共計	703	66	929	626	645

	山東	河北	山西	遼吉黑	察熱綏
局本部	21	13	7	3	1
電訊	54	63	24	45	7
交通	4	4		1	
特務隊	36	27	2		
外勤	241	421	197	102	56
訓練班	7	9	5	8	2
調訓	7	16		3	2
公開機關	67	73	14	16	7
禁閉	7	2			
共計	444	628	249	178	75

	陝西	甘寧青	四川	雲南	貴州
局本部	9	3	20	1	1
電訊	11	19	28	5	7
交通					
特務隊			27	5	
外勤	120	69	365	33	54
訓練班	3	9	9	2	
調訓	7	2	5		2
公開機關	16	4	112	13	9
禁閉			6		1
共計	166	106	572	59	74

	蒙古 新疆 西康	歐美	泰國	朝鮮 台灣	總計
局本部		1			430
電訊	1			1	1,173
交通					59
特務隊					445
外勤	11	10	1	41	5,441
訓練班					194
調訓					172
公開機關	1			1	1,305
禁閉					95
共計	13	11	1	43	9,314

附註：本表所稱工作人員係指有固定之職務者，現在待
　　　命之人員，以及各訓練班尚在受訓之學員，未
　　　與其列。

附：工作人員籍貫比較圖

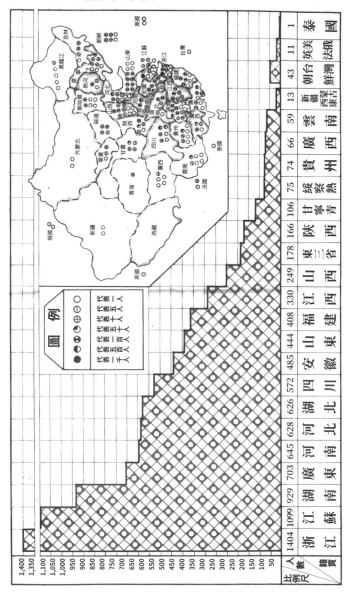

（六）工作人員出身統計表

	軍事學校		警官學校		
	中央軍校	其他軍校	中央警校	浙江警校	其他警校
局本部	21	6	1	16	4
電訊		44		11	
交通	5	5		8	9
特務隊	7	23		45	41
外勤	379	398	14	159	143
訓練班	32	13	2	12	2
調訓	1	6		9	4
公開機關	136	60		151	50
禁閉	10	1		4	7
共計	591	556	17	415	260

	留學		本局訓練班	其他訓練班
	歐美	日本		
局本部	5	8	188	9
電訊			905	
交通				3
特務隊			65	2
外勤	48	52	899	239
訓練班	14	5	40	14
調訓	1	1	92	6
公開機關	27	4	448	58
禁閉	4	5	23	1
共計	99	75	2,660	332

	大學專科	中等學校	小學	其他	總計
局本部	45	104	23		430
電訊	24	59	20	110	1,173
交通	4	11	14		59
特務隊	4	74	182	2	445
外勤	724	1,329	768	289	5,441
訓練班	30	26	1	3	194
調訓	14	31	6	1	172
公開機關	134	162	55	20	1,305
禁閉	11	26	3		95
共計	990	1,822	1,072	425	9,314

附註：本表所稱工作人員係指有固定之職務者，現在待命之人員，以及各訓練班尚在受訓之學員，未與其列。

附：工作人員出身比較圖

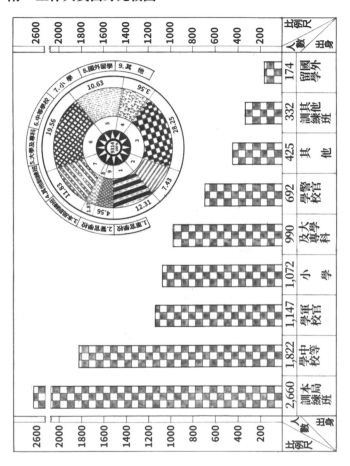

三、訓練督察

（一）訓練工作

　　自抗戰發動以來，本局深覺當前任務之重大，與工作之開展，對於內外勤基本工作人員之培植與補充，並須預為籌備，謹遵奉鈞座二十七年十一月二十四日於南嶽之面諭，將擴大訓練、加強訓練，列為本局主要工作計畫之一，經於二十八年一、二、三，三個月工作報告中陳明在卷。所有訓練綱領，仍以精神為主，技術為輔，並規定在精神方面，務須養成刻苦耐勞與犧牲奮鬥之風尚，技術方面，力求適合實際之需要，與工作科學化兩點，通令各班切實辦理。所有精神課目，乃以總理遺教及鈞座言行為主，並旁及歷代民族英雄傳記，以正其思想，啟發其革命意志，與提高革命情緒，此為各班所同。至特工一般之技術，如密碼、秘密通訊、軍事情報學、行動要領、手槍射擊等課，凡從事實際工作者，均須了解，故亦為各班所共習。至於特殊技術，各班均有其專門課程，謹於敘述各班狀況時，再行陳述。一年以來，在大體上均能按步實施，先後完成，故能在人員感覺大量缺乏之時，減少補充派遣之困難，並能在各地工作被破壞後，立即有相當人員前往恢復，且有更進步之工作表現，是不可謂非訓練之功效。更有進者，本局年來鑒於外勤工作人員因工作忙碌，舉凡一切精神食糧不易吸收，深恐影響其精神與情緒，故對正在從事工作之人員，除酌量保送中央各訓練機關受訓外，並抽調予以訓練，俾使一面工作，一面接受新知，實施以後，無

形中增加工作效能不少，茲將各訓練班情況撮要並列表
如次。

（子）中央警官學校黔陽特種警察訓練班

該班為本局之基本訓練機關，原設臨澧，是為第一
期，自該期畢業後，繼續錄取學生共計九百零六名，內
五百六十六名，係二十七年九月入伍，於入伍訓練完
畢後，計分參謀組（嗣奉准改為軍令部諜報人員訓練
班）、情報組、偵察組、電訊組、會計組等五組訓練。
除參謀組之訓練課程另行陳述外，其餘情報組所授之專
門課程，為情報業務、內勤業務、政治警察、痕跡學、
破壞學等；偵察組之專門課程為痕跡學、幫會研究、偵
探學等；電訊組之專門課程為特種收發、電律、無線
電學、電訊收發等。會計組之專門課程為統計學、審
計學、會計法規、會計原理、官廳會計等。均於十月
二十九日結業。其餘三百四十名，係於二十八年一月入
伍，入伍訓練完畢後，分軍事、技術兩組訓練，軍事組
即為諜報工作之準備，其專門課程為戰術、地形學、築
城學、後方勤務、兵要地理、諜報業務等；技術組之專
門課程則為破壞術、犯罪學、人相學、化學通訊、除奸
術、擒拿術等。亦於二十八年十月二十九日結業，通稱
為該班第二期學員。除參謀組學員一四九名改稱軍令部
諜報人員訓練班，調渝再施以兩個月之較深訓練外，共
計七五七名。現第三期新生，已在華南、華中各省（包
括淪陷區域）及海外暹羅、緬甸、安南、馬來、星加
坡、香港等處華僑子弟中招考新生，並抽調工作人員

三十四名，共計五百名，並將班址移駐貴州息烽，開始
入伍訓練。

（丑）中央警官學校蘭州特種警察訓練班

　　該班亦為本局基本訓練機關之一，原為適應西北
之特殊情形，於二十七年十月四日奉准成立，學員
三百五十五名，於二十七年十月正式入伍。入伍訓練完
畢後，分為國內情報、俄文情報、邊疆情報、電訊、警
政等五組訓練。國內情報組其專門課程，與黔訓班之情
報組同；俄文情報組其專門課程，除關於情報部分與國
內情報組相同外，並授以俄文俄語及外事等智識；邊疆
情報組之專門課程，除情報部分與上二組相同外，並授
以邊疆地理風土民情等智識；電訊組之課目，與黔訓班
之電訊組相同；警政組在養成警政人才，協助辦理西北
警務，並確立特工之基礎，其專門課程為警察行政、中
國警察、違警罰法等。截至本年底，均已結業，與黔訓
班本屆畢業學員，同稱為中央警官學校特種警察訓練班
第二期畢業學員。現又在華北各省（包括淪陷區域）及
蒙旗回藏等處，招考學生三百七十七名，並抽調工作同
志二十三名，共為四百名，亦已全數到班，開始入伍訓
練矣。

（寅）諜報人員訓練班

　　該班為本局養成軍事諜報人員之訓練機關，其目
的在建立軍隊中諜報工作之基礎，且係奉鈞座二十七
年十二月支酉桂侍參第六四四號代電成立者，學員

一四九名，除死亡二名外，實為一四七名，係由黔訓班
參謀組改編。其專門課程為各項軍事學科，如軍事電
報、參謀業務、後方勤務、戰術、兵要地理、軍制等，
均已一一講授完畢，於二十八年十月二十九日結業，是
為該班第一期畢業學員。其第二期學員，共計二百五十
名，內一百名係挑選軍校第十六期畢業生，又一百五十
名，純為黔訓班軍事組畢業學員。為便於延聘教官，充
實教材起見，並決定將班址遷移重慶，現已開始訓練
矣。

（卯）外事訓練班

該校為本局養成外事人員之訓練機關，其目的在
開展外事工作，與國境警察幹部之養成，第一期學員
三十六名，係就黔、蘭兩訓練班中，考選長於外國語文
（英、俄、德、法、意、日、蒙、回、藏等）學員，並
招考國內外各大學、高中優秀學生，在渝設班訓練。於
二十八年七月二十三日始業，至九月三日結業，第二期
計七十二名，於二十八年十月二十二日始業，年底結
業。其專門課程為治外法令、外交禮節、日本概況、刑
事警察、外國語、國際問題專講、海關檢查等。

（辰）特種技術人員訓練班

該班係奉軍政部何部長電令，於二十八年十一月五
日成立者，為養成各游擊隊爆破技術人員之訓練機關，
其目的在能擾亂敵人之後方組織，與破壞其一切建設。
第一期學員六十三名，多係藉隸淪陷地區，且有爆破

經驗與勇敢犧牲精神之黔陽特訓班畢業生選取而來，於十一月五日始業。其專門課程為爆破學、火藥學等，此項課程之教官，係由兵工署派遣專門人員擔任，注重實習，尤不限於爆破器材之使用，而在能就地取材，從事製造，因進入淪陷區內，敵人檢查甚嚴，不如此無以致用也，現已結業。其第二期學員，擬專調各地游擊部隊之幹部人員前來學習，現正繼續訓練中。

（巳）特種偵察訓練班

該班為本局專對共產黨之訓練機關，主其事者，係本局忠實之同志，且已打入共黨組織者，其目的在養成一班思想純正、精神奮發、能刻苦耐勞之青年，俾能深入共黨工作，而能爭取主動地位，發生核心作用。採完全秘密方式，尤注意與社會隔離，盡可能養成窯洞生活。專門課程，在解釋各方組織情形及活動方式，特別從事共黨之深入與偵察，使能在積極方面可預為防範，在消極方面，至少能報道關於對方之策略、計畫、活動方面，以備對策之參考。第一期學員二十名，於十一月二十日在南鄭開始訓練，以一月為期，現已結業，分別打入共黨之工作範圍矣，第二期亦已在南鄭開始訓練。

（午）仰光特別訓練班

該班為本局在南洋方面之惟一臨時訓練機關，其目的在選拔當地有為青年僑胞，加以特工訓練，以為開展南洋各處工作之基礎。第一期學員計十四名，其中英文均具有根底，在仰光開始訓練，其課程為三民主義之理

論與實施、國際政治、國際法、偵察常識、國際間諜、日本間諜、英緬文等。自六月十五日始業，至八月十五日結業，並令繼續物色思想忠實，儀表端正，體格健強，中英文有根底，對於工作有辦法與興趣之青年二十名，加緊訓練，作為該班第二期學員，以樹立本局在海外之工作基礎。

附註

查本局二十八年預算，關於訓練經費，每月僅列支三萬五千元，為恪遵鈞座「加強訓練」、「擴大訓練」之實施，以適應當前工作之需要起見，先後設立上項訓練班，從事訓練計畫之完成。總計一年來支出經費為五十五萬六千元，實際超出經費十三萬六千元，至招生、服裝、分發、建築、開辦等費用去四十餘萬元，尚未計入也。

附：各訓練班概況表

中央警官學校黔陽特種警察訓練班（簡稱黔訓班）

期次	第二期		第三期
駐地	黔陽		息烽
學員數量	566	340	500
學員來源情形	本班第一期畢業學員	各地同志介紹經考試及格者	各地招考四六六名，抽調工作同志三十四名
編訓概況	編為第四、五、六、七及女生五隊，分參謀、情報、偵察、會計、電訊五組，嗣調參謀組一四九名，另行成立諜報人員訓練班，編為第一、二、三，三隊，分軍事、技術二組。		
訓練期	十四個月（二十七年九月至本年十月底）	十個月（一月至十月底）	
畢業學員數量	757		
畢業學員稱謂	中央警官學校特種警察訓練班第二期畢業學員		

中央警官學校蘭州特種警察訓練班（簡稱蘭訓班）

期次	第一期	第二期
駐地	蘭州	
學員數量	355	400
學員來源情形		在華北各地及蒙旗回藏等處招考三七七名，抽調工作同志二十三名
編訓概況	編為第一、二、三及女生四隊，分國內情報、俄文情報、邊疆情報、警政、電訊五組	
訓練期	十五個月（二十七年十月至本年年底）	
畢業學員數量	355	
畢業學員稱謂	中央警官學校特種警察訓練班二期畢業學員	

軍令部諜報人員訓練班

期次	第一期	第二期
駐地	黔陽	重慶
學員數量	149	250
學員來源情形	由黔訓班參謀組改稱	函請軍校選派十六期生一百名，調黔訓班二期畢業生一五〇名
編訓概況	本班學員原係黔訓班參謀組學員，故對特工智識已有相當基礎，自改今名後，更增加各項軍事及諜報勤務等課程	
訓練期	十個月（一月至十月底）	
畢業學員數量	147	
畢業學員稱謂	軍令部諜報人員訓練班第一期畢業學員	
附註	死亡二名	已定二十九年一月正式開始訓練

外事訓練班

期次	第一期	第二期
駐地	重慶	
學員數量	36	72
學員來源情形	黔訓班挑選長於外國語文學者二十三名，並在渝招考國內外大學及高中生十三名	蘭訓班一七名，其他五五名
編訓概況	編成一隊，其訓練課目分軍事、精神、政治、技術四項，軍事、精神兩項，比其他各訓練班提高程度，政治課目為國際情勢、敵情研究等，技術課目為國際知識、禮節條約及技術科學等	
訓練期	六週（七月二十三日至九月三日）	二個月（十月二十二日至十二月底）
畢業學員數量	36	72
畢業學員稱謂		

特種技術人員訓練班

期次	第一期
駐地	巴縣童家橋
學員數量	63
學員來源情形	本期學員係由黔訓班調來
編訓概況	編成一隊，訓練課目分軍事、精神、技術三項，技術課程概由兵工署派員擔任，其重要材料，亦由該署撥發
訓練期	二個月（十一月五日至十二月底）
畢業學員數量	61
畢業學員稱謂	
附註	死亡一、禁閉一

特種偵察訓練班

期次	第一期
駐地	南鄭
學員數量	20
學員來源情形	由各地挑選信仰堅定、思想純潔之青年
編訓概況	採絕對秘密方式，尤注意與社會隔離，使徹底認識三民主義，瞭解敵黨組織情形與活動方式，並指出其荒謬之點，將來參加敵黨活動，能報道對方之策略、計畫與動向，進而爭取主動地位，發生核心作用
訓練期	三十天（十一月二十日至十二月十九日）
畢業學員數量	20
畢業學員稱謂	
附註	一、為求明瞭共黨之狀況，及打入共黨組織從事活動，故設班訓練是項人才 二、擬繼續辦理一年，在湘、黔、川、陝等地分別訓練，預計可得最精幹之青年二四〇人，參與共黨祕密活動

仰光特別訓練班

期次	第一期	第二期
駐地	仰光	
學員數量	14	20
學員來源情形	招考中英文有根底者	由第一期畢業學員介紹
編訓概況	授以三民主義之實施與實施、國際政情、國防法、偵察常識、國防間諜、日本間諜及英緬文等課目	
訓練期	二個月 （六月十五日至八月十五日）	
畢業學員數量	14	
畢業學員稱謂		
附註	為欲樹立海外工作之基礎，故設立本班	

（二）督察工作

督察之佈置

依據本年度加強督查工作之計畫，對於督察機構及工作，力求充實與加強。除中央督察外，重慶及後方內外勤各單位，則秘密佈置督察通訊員四十一人，另有區督察之派遣，如川康區、平津區、察綏區及皖贛區、京滬區、閩浙區及華南區，亦均分別派定督察人員前往實地視察並督導。此外並由內外勤各單位按週指派工作人員一人，循環擔任各該單位臨時督察，此舉在使每一工作人員均有檢舉他人與被檢舉之機會，藉收互相監督之效。

附：區督察擔任工作地區一覽表

區別	中央區	川康區	平津區	察綏區
區督察姓名	石仁寵	顏齊	喬家才	高榮
擔任地區	重慶內外勤各單位及各運用機關（如警察總隊、警察局等）	渝特區所屬巫山、萬縣、瀘縣、宜賓、南充與川康所屬廣元等地組織	天津、北平、保定、石家莊等地組織	察哈爾、綏遠、張家口等地組織

區別	皖贛區	京滬區	閩浙區	華南區
區督察姓名	陳慶尚	毛萬里	胡國振	邢森洲
擔任地區	屯溪、上饒、吉安、贛州等地組織	南京、上海等地組織	福州、溫州等地組織	香港、廣州等地組織

工作之實施

（一）對內外勤工作人員之性情、學識、才能之調查，區分為幹、基、助、運四類，計已被調查者共二、四三○名，其中幹部二四八名，基本一、○二四名，助手五二四名，運用六三四名。

（二）對內外勤工作人員之家庭情形與私生活狀況之調查，計已被調查註記者共一、二八○名。

（三）完成甄選優秀份子與技術人員之調查，計已註記者共三五名。

檢舉之結果

一年來關於內外勤工作人員工作狀況及守法違紀之行為，經由督察檢舉，分別予以獎懲者，共三二五人，計被獎者二一一人，被懲者一一四人。如重慶總台報務員何文光一名，於六月四日及七日值機時，擅自離機就

寢，致延誤急電一案，即係督察室檢舉並呈准鈞座按照
貽誤事機論罪，於七月七日解赴息烽監獄執行死刑。除
本局內外勤工作人員懲獎事項已見人事概況欄外，茲將
由督察室檢舉而受獎懲之事由與統計，另行摘表如次。

附：督察檢舉案件獎懲統計表

獎

	晉級	獎金	記功	嘉獎
情緒緊張		1	9	95
領導有方			4	10
效忠組織				12
努力督察		2	12	41
技術優良	1			17
努力研究				4
生活困難安心工作		1		
經費不苟			2	
共計	1	4	27	179

懲

	極刑	禁閉	降級	記過	警告
工作懈怠		3		6	
領導無方		1	1	2	
任用私人		1			
情緒低落				2	46
敷衍工作			1	10	25
貽誤事機	1				
生活腐化		4	2		3
舉動粗暴		1	1		
行為不檢			3	1	
共計	1	10	8	21	74

丁、情報工作

一、敵軍動態之調查

（一）華中方面

第三戰區南昌方面敵軍動態

敵自攻略南昌並佔領武寧、高安等地後，因戰線過於延長及分散，兵力不敷分配，愈益暴露其空虛之弱點，故敵泥足愈深，拔脫愈難，我軍雖棄守南昌，但大軍分佈於附近地區，待機反攻。當四月中旬，我軍曾策動全線分由南昌之東南與西南兩方面，圍擊南昌，一時戰況異常猛烈，首將進出於蓮塘、蔡家之敵，壓迫於南昌城內，一度衝入城內，巷戰肉搏，斃敵甚多，並於四月二十六日一部克復高安、大城，又一部進迫奉新、靖安，至武寧方面，亦被我三路圍殲。至此佔領南昌之敵，感受側背之威脅，乃竭力縮短戰線，兵力陸續北撤，我亦以消耗任務已達反攻預期之目的，於是仍將兵力分佈於附近地帶。迄十二月中旬，我軍大舉反攻，連克南昌西北之沙河、黃老門、張公渡、樂化及東南之蜀溪壟、武溪市、龍昌橋、上洛湖、櫪山熊等各外圍數十據點，南昌敵當被我緊密包圍，我軍並又一度衝入城內，發生巷戰，斬敵逾千，另一部分由高安東北奉新、武寧以西向東挺進，連克大城、高郵、赤田張、厚竹尖等地，迄三十日晚，又攻入乾州街內，斃敵三百餘，焚毀敵倉庫多所，我軍又在廬山、岷山等處，亦展開廣泛之游擊戰，使敵不得安息。綜合一年來除南昌以北修河

以南兩線之數據點，被敵掌握外，其餘地區均在我軍所控制中，敵一○一、一○六兩師團，受殲過鉅，已撤回整補，新由長江增來之敵，刻亦在我重重包圍夾擊中。

第三戰區杭州方面敵軍動態

當我湘北大捷消息，傳播於蘇、浙各淪陷區域後，我據守浙西之正規軍及游擊隊，亦於十月十四日決定會殲杭敵之計畫。當晚八時，先將城外之水電廠及各重要地段逐一破壞，接連焚毀附廓之湖墅、拱宸橋，敵偽當時不知所措，均棄械亂竄，我軍各處捕殺，格斃無算，城內我便衣隊亦分別各向目的地進攻，搗毀並焚燒寇偽各機關、兵營、倉庫及商店、公司、街道等共三十餘處。我滬杭鐵路及杭富公路、京杭國道兩側軍隊，亦同時出動，響應城內我軍之衝殺，並破壞各軌道之路軌及橋樑，至浙西地區之敵，步步被圍，處處受困。迨翌晨黎明，城內我軍以殲滅任務達到，遂從容撤出城郊，仍取包圍之姿態。復於十一月十三日晚，我軍再度進襲杭州城，首由武林門、艮山門一鼓衝入，與敵偽發生巷戰，情況猛烈，城內我便衣隊，亦紛起響應，當即四處縱火，以光華火柴場一帶燃燒最烈，並搗毀偽機關十三處，斃敵數百人，並有偽綏靖隊四十餘人反正，我軍當獲得第二次殲滅之大勝利。

第五戰區鄂北方面敵軍動態

敵因襄、樊為西北之要區，當漢水之曲，上通秦、隴，北窺宛、洛，南翼荊、宜，東蔽武、漢，為軍事必

爭之重地，且鑒於我大軍雲集隨、棗一帶，欲圖誘致我
軍主力併力合擊，藉求戰事加速結束，完成其速戰速決
之迷夢，乃於四月中決定「五月進攻」之計畫，原圖利
用敏捷部隊，採取侵入竄擾之手段，期一舉而達殲滅之
任務，迄五月一日分兵三路實行進犯，計：

右翼：以第三師團主力陷隨縣後，沿襄花公路北進，
　　　其一部於十日挺進至棗陽東北湖陽鎮一帶，又
　　　以鈴木部隊由信陽出擊，十一日陷桐柏後，分
　　　成若干縱隊向棗陽推進。

中央：以第十三師團八日由東橋鎮突破大洪山後，即
　　　化整為零向大洪山北峰推進。

左翼：以第十六師團由鍾祥北犯，十日迂迴至棗陽北
　　　之湖陽鎮，與第三師團之一部會合，另以騎兵
　　　第四旅團十日佔據豫南之新野，十二日陷唐
　　　河，完成兩翼包圍之態勢，我軍偵知敵兵力之
　　　單薄，乃誘敵主力於桐柏、大洪兩山脈，予以
　　　重大之殲滅，致敵傷亡達二萬以上。

　　自十七日起，敵即開始全面總潰退，其右翼退信
陽、應山一帶，中央退安陸，左翼退鍾祥，我軍遂轉入
有利之態勢，至此敵所謂「五月進攻」之迷夢，被我粉
碎無遺矣，至十二月中旬，豫南我軍反攻信陽，先後克
復信陽外圍數十據點，迄二十二日我軍乘月夜直撲信陽
東關，敵猝不及防，被我破關衝入，一時巷戰激烈，當
焚毀敵倉庫數所，同時我一部收復董崗，切斷信陽至長
台關敵之聯絡線。

第九戰區湘北方面敵軍動態

敵自隨棗慘敗後，所有殘部麇集於平漢線整補，迄九月初，即發動大規模之「侵湘戰」，當集結兵力十萬於湘北、鄂南、贛北地區，分「主攻」、「助攻」：

主攻方面：以第三師團之第五旅團及海軍陸戰隊、波田支隊為右翼，以第六師團全部及第十三師團之二十六旅團為中路，以第三十三師團為左翼。

助攻方面：以第一〇六師團一部由贛北陷修水後，進窺湘東，策動主攻之作戰。

中路敵軍於「九一八」晨分兵兩路，一由岳陽通新牆古道，犯新牆北岸之我前進陣地，一由桃林通新牆古道向徐家灣進犯。詎血戰五日，敵毫無進展，乃於榮家灣北端，集中山野砲五十餘門，施行最猛烈之破壞射擊，並圖阻斷我新牆南岸增援部隊之進路，同時利用空軍及毒瓦斯煙幕彈等，掩護其步兵涉水南犯（當時水深僅尺許），始得強達渡河之目的。右翼敵軍，分乘兵艦三十餘艘，民船、汽艇五百餘艘，除一部在鹿角、九馬嘴一帶強行登陸外，其主力由洞庭湖南犯，於二十三日陷營田，二十四日東犯河夾塘，壓迫新牆我軍作戰之撤退。中路敵軍，復於二十五日會合鹿角方面之敵，分三路進犯汨羅，一由汨江南岸東進，繞襲汨羅之背，一由粵漢路南下，一由新牆古道強渡汨水，二十五日與右路敵會師歸義，復分三路，一路沿鐵道南下橋頭驛，直指長沙，一路至新市、雙江口分二股，一股東南下金井，一股南下福臨舖、上杉市，另一路自新牆至長樂街溯汨

江至平江，擬與由通城出擊，連陷麥市、桃林港、龍門廠、長壽街、獻鍾之敵左翼第三十三師團取得聯絡，互相策應。我利用長沙外圍廣大丘陵地區，層層作防，處處設伏，予敵以慘重之打擊，造成倭寇空前罕有之敗績。我並於十月三日至七日之中，連克上杉市、王公橋、福臨舖、金井、新市、歸義、湘陰、營田、黃沙街、大荊街、長樂街、平江城、南江橋、榮家灣、新牆、楊林街、上塔市等地，同時右翼方面，亦連克獻鍾、長壽街、龍門廠、桃林港、麥市等地，暴敵紛向鄂贛邊境汨水以北營田江面狼狽竄去，我軍當完成二期抗戰以來劃時期之大勝利。

（二）華南方面
第四戰區海南島方面敵情概述

敵自佔領武漢後，因多數兵力均為我所控制，敵國內既無法增兵，現有力量又不能進攻，故企圖改用經濟封鎖，遂於本年二月初，調集潿洲島大小軍艦二十餘艘及航空母艦兩艘，以飯田旅團小杉、河崎兩部及生垣、長市海軍陸戰隊共約六千餘人，於十月佔領海南島，以圖威脅新嘉坡、越南、英法兩國之遠東軍事根據地，並報復各友邦對我抗戰之援助，當日連佔文昌、璦洲。旋以第十五師團之岩尾步兵聯隊、本莊機械化部隊及第十八師團之笠原步兵聯隊、增田機械化部隊共計萬餘人，陸續增援，向我內地進犯，另以一部三千餘人，於十四日至瓊南三亞灣登陸，十五日佔崖縣，呼應北路之進攻。我軍陷於孤島無援，乃先後放棄臨高、定安、樂

會、榆林、萬寧、儋州。

第四戰區粵北方面敵情概述

　　粵敵自十一月下旬即作北犯企圖，當以第一〇四師團主力為左翼，沿粵漢路進犯銀盞坳及源潭等地，與我守軍血戰五晝夜。敵陸續增援，十二月二十五日竄抵琶江口、橫石，二十九日續竄連江口以南十餘里地帶，已被我堵擊。中路敵軍第十八師團主力與近衛一旅團，沿增從公路北犯，十二月二十一日與我激戰於雞籠崗，二十二日敵突破門樓關，竄抵老虎埔、青龍頭，二十四日竄抵良圩，復分二股，一股西竄狗耳惱，二十五日竄抵朝陽，一股二十五日東竄黃茶園、南山排子之線，先頭竄抵古田，被我圍殲中。右翼敵第十八師團一部於十二月二十三日先頭由增城沿增龍公路竄抵龍華圩，二十四日竄抵地派圩，二十五日進至畫眉堂、望梅坑，二十六日進陷新豐城，二十七日竄抵青塘、官渡，三十日陷我翁源，現三路正積極企圖會犯曲江中。

第四戰區潮汕方面敵情概述

　　敵自六月中「八犯中條山」失敗後，突然於六月二十一日晨，以軍艦三十餘艘，載南支東路軍之毛利、西田兩步兵聯隊，由東路軍司令官後藤統率，在潮陽之達濠及媽嶼港一帶強行登陸，下午四時攻陷汕頭，二十四日進逼黃埔、彩塘，二十七日攻陷潮安，二十九日該敵即有分兵三路進犯之企圖，一由潮安經揭陽、豐順直竄興寧，一由潮安經普寧直犯海、陸豐，一由潮安

取饒平進犯閩南。旋以粵北我軍進逼粵垣，大部敵軍被我牽制，不能東調，於是僅以一部於當日攻陷澄海後，其餘均分配固守潮汕鐵路沿線之各據點，迄十二月一日敵以兵力單薄，乃利用偽軍黃大偉進犯閩南，當午攻陷詔安、分水關後，擬以之作為進犯閩南之根據地。詎至六日我軍克復潮安，七日拂曉又克詔安，八日晨續克分水關，將敵偽軍二千餘人大部消滅，殘敵竄逃琉璃嶺一帶，與我進擊部隊頑抗中

第四戰區南寧方面敵情概述

敵自湘、鄂戰事均遭慘敗後，欲圖掩飾國際間之耳目，及求戰事之早日結束計，乃以華南敵海軍最高指揮官高須中將率領第五師團主力及台灣兵團全部，發動西南之攻勢。十一月十四日晚，即由海南島分乘兵艦星夜駛抵北海附近，十五日拂曉，以第五師團納見聯隊由企沙登陸，迄午後三時會同由龍門登陸之敵第五師團之山縣聯隊西陷防城，十七日續犯那間、那曉，當晚先頭部隊竄抵邕南之大塘，二十二日進至亭子墟，二十三日強度鬱江。二十四日與我軍血戰南寧城郊，至午南寧被敵攻陷，敵復分兵數路進犯，一由邕賓路於十二月一日晚佔領九塘，五日攻陷崑崙關，一由邕武路於十二月一日起連續攻陷高峰隘、新墟、高爐嶺等地，一由邕同路於十二月十四日攻陷綏淥，二十日續犯寧明、憑祥，二十一日晚佔領龍州。南路我軍於十二月中旬起，全線開始反攻，先將邕欽路徹底破壞，斷敵後援，並將大塘、那馬、小董、唐報、大寺、牛洞等處完全控制，

十七日起南寧以北我軍分沿邕武、邕賓兩路大舉猛攻，
勢如破竹，先後克復邕武路之高峰隘、高爐嶺、新圩，
邕賓路之崑崙關、九塘、七塘、六塘、五塘、四塘各重
要據點，並加緊南寧外圍之掃蕩戰，對消耗敵軍主力之
戰略戰術，已獲得鉅大之成功。至龍州敵經我反攻後，
亦於二十四、五兩日放棄龍州，沿邕同路撤至蘇圩、吳
村圩一帶，刻正與我頑強對峙中。

（三）華北方面

第二戰區晉西北方面敵情概述

晉敵本年三月有犯陝之企圖，當以一〇八師團主力
由同蒲路北段攻陷晉西北之偏關、河曲後，以一〇九師
團一部侵佔晉西之軍渡、磧口，以為遙相呼應，作渡河
之試探，並以一部於三月五、九兩日，攻佔靜樂及嵐
縣，作為總預備隊。旋以我軍予以迎頭之打擊，將晉西
之磧口、軍渡、柳林等處連續克復，敵勢大挫，遂向同
蒲線倉皇潰退，我軍完成阻截之任務後，並未窮追。迄
十一月二十二日，我軍一度衝入黑龍關城內，另一部克
復勍香鎮，迫攻汾西城，敵狼狽逃竄。復由離石、柳
林、大武各處，抽集三千餘人，分三路北犯磧口，企
圖報復，一路沿離磧公路竄梅家岔，一路自柳林北竄
孟門，一路由大武分經大山村、茂塔溝會竄胡家塔，
二十四日均為我軍分途擊退。

第二戰區晉南方面敵情概況

六月上旬敵第二十師團集中於晉南聞喜、安邑一

帶，欲實行包圍中條山，肅清我游擊隊根據地之計畫，
乃分兵二路，以三十九旅團為左翼，於六月十七日由聞
喜攻陷皋落，二十二日陷垣曲。以四十旅團為右翼，
二十日由夏縣東陷唐王山，二十三日陷余家山，七月八
日陷沁水，十日陷富店，十三日陷董封，十四日陷陽
城。至此敵包圍陣勢完成後，滿冀一鼓而達其掃蕩之目
的，然我軍早窺敵計，運用游擊戰術之經驗，及有利之
地勢，避重就輕，予敵以各個之殲滅，至敵先後共九次
進犯，均未得逞。迄十二月上旬敵三十七師團附森戶獨
立山砲兵聯隊，再度向中條山作第十次進犯，主力為重
松、荒木兩聯隊，由橫嶺關、鎮風塔、蓋寨、老太廟、
裴社、偃掌鎮各地趨上下陰里、大峪溝之線，一部竹田
聯隊由夏縣以北地區，自馬溝、方山廟附近與我爭奪甚
烈。自六日起，敵以全力向我一五八六高地及大嶺上一
帶猛攻，激戰之烈，前所未有，敵山砲兵聯隊幾全軍覆
滅，聯隊長森戶隆三身負重傷。七日我軍全線反攻，敵
受重創，大部集結夏縣東馬家廟附近，十日敵主力向偃
掌鎮方面潰竄，刻殘敵仍在馬家廟以南地區，被我包圍
殲滅中。

第二戰區晉東南方面敵情概況

敵酋梅津感於中條山掃蕩計畫屢遭失敗後，轉移作
戰重心於晉東南，以長治、晉城為進攻之中心，企圖肅
清我太行山之游擊隊，及保護平漢、正太、道清、同蒲
四路之安全，當由沁（陽）博（愛）、邯鄲、新鄉、正
太線、白晉公路、平遙、安澤、洪屯、大道、翼（城）

絳（縣）九路分兵進犯，總合兵力約五個師團。於七月
十三日攻陷長治，十八日陷高平，十九日陷晉城。時值
大雨連綿，山洪暴發，敵之給養中斷，我軍由兩山夾
攻，迫敵渡河，而水深流湧，淹死者達數千人以上。
二十日我軍克復晉城，並連克高平、長子、屯留等地，
復因敵各路會合，並以大量敵機助戰，至雙方得失凡數
次，最後我以消耗任務已達，即放棄長治、晉城，轉移
入太行山中，做待機之反攻。至七月下旬，敵佔領長治
一帶後，即以主力確保各據點，並加強修築碉堡、公
路，企圖分割我游擊隊根據地，使我不能集結兵力向敵
進攻，並以多數支隊分途包圍我軍主力。八月初，我軍
大舉反攻，當截斷洪（洞）屯（留）公路，敵各路不
支，除留第二十及第一〇九兩師團扼守上述各據點外，
大部紛紛撤回原地。至十二月上旬我軍向長子之敵猛烈
進攻，迄二十三日克復黎城，殘敵分向長治及東陽關潰
退，我軍乘勝收復東陽關，並攻入長治北關，另一部迫
近長子、屯留，敵損傷奇重，至二十九日晨我軍續克潞
城，刻我正將長治敵圍困中。

冀察戰區冀中方面敵情概況

本年三月，河北敵感於冀中我鹿鍾麟部之活躍，乃
以第二十七師團之南雲旅團長任指揮官，組織冀中討伐
隊，兵力約兩聯隊，第一次於三月二十二日晨分二路進
攻，一由束鹿向陳家進犯，一由寧晉經百尺口向路家
莊、圭家莊進犯。經我鹿部分途迎擊，斃敵約五百人，
旋敵退回束鹿以北。第二次於四月二十二日晚，敵向齊

會進犯，並射放大量毒氣，與我血戰三晝夜，卒被我擊斃七百餘人，並虜獲戰利品甚多。第三次於五月初，以冀縣、衡水、棗強為進攻之中心，分三路進犯，一由交河經武強，一由景縣攻棗強，一由阜城攻冀縣，並配合飛機十二架，當在辛集、留仲、龍華一線與我激戰。旋我主力迂迴敵之右翼，大部被我殲滅，中路敵感於側背受脅，不得不遽行撤退，一時敵勢大挫，紛紛北潰，我軍予以猛烈之追擊，殲敵逾千。

第八戰區綏包方面敵情概況

十二月初旬，綏西我軍部署東進攻勢，當分左、中、右三路，向包頭、固陽進襲，迄十七、十八兩日先後克復崑獨崙召、東大溝與前後口子及包安、固安三公路之中心點高台梁、東南官井等地。二十日由伊盟渡河出擊之我軍，清晨攻入包頭，當俘獲偽團長于某一名，及砲三十餘門，馬百餘匹，戰利品甚多。又我游擊隊某支隊亦由包頭灘上渡河，十八日收復磴口後，續向東進，刻正在圍攻托克托及和林格爾兩縣中。二十二日敵增援部隊到達後，即以空砲威力協同作戰，包頭我軍感受威脅極大，固為避免無益之損害，遂於二十二日放棄包頭，仍退城郊，取包圍之形勢，並以一部進逼固陽，刻正圍殲中。

二、偽組織及重要漢奸活動之調查

（一）偽組織之調查

「臨時政府」（二十六年十二月十四日成立）

統轄地區

　　偽府設北平，轄有河北、山東、山西、河南四省之淪陷地區，各省設偽省府，各縣設偽縣府或維持會，並設北平、天津、濟南、青島四偽市府。

內部組織

　　偽府設議政、行政、司法三委員會。

（一）「議政委員會」設委員長一人，常務委員五人，下設秘書廳，設秘書長一人，秘書若干人。

（二）「行政委員會」設委員長一人，委員若干人，下設秘書廳、參事室，外務、交通二局，審計、事務、調查、情報四處，內政、財政、教育、治安、法制、實業六部。

（三）「司法委員會」設委員長一人，委員若干人，下設秘書廳、最高法院、最高法院檢查所及公務員懲戒委員會。

主要偽官

（一）議政委員會委員長湯爾龢，秘書長方宗鰲。

（二）行政委員會委員長王克敏，秘書長瞿益楷。

（三）司法委員會委員長董康，秘書長陶洙。

（四）內政部長王揖唐，治安部長齊變元，財政部長汪時璟，法制部長朱琛，教育部長湯爾龢，實業部長王蔭泰。

（五）外務局長岳先，交通局長李宣威，審計處長周彬歧，事務處長張仲直，調查處長陳國權，情報處長周龍光。

（六）河北省長吳贊周，河南省長陳靜齋、山東省長唐仰杜，山西省長蘇體仁。

（七）北平市長余晉龢、天津市長溫世珍、濟南市長朱桂山、青島市長趙琪。

一般動態

（一）議政委員會之工作，為通過重要官吏之任命，及一般措施原則之決定。

（二）司法委員會之工作，為改編法律，成立法院等。

（三）行政委員會之工作，即其所屬各部門之活動。

甲、治安方面

（子）華北之招撫；

（丑）偽軍之整理；

（寅）設立軍官學校訓練下級幹部；

（卯）編練偽治安軍。

乙、教育方面

（子）改編教科書及改訂學制；

（丑）選派赴倭留學生；

（寅）中學最後年級檢定考試之辦理。

丙、財政方面

（子）接收海關；

（丑）攫取長蘆鹽稅；

（寅）成立偽中國準備銀行；

（卯）委託正金銀行代辦外匯；

（辰）發行偽鈔攫取華北現金；

（巳）設立華北開發會社，大量投資。

丁、外交方面

除在東京組有辦事處，在橫濱、神戶、長崎、台北等地設「華僑管理局」外，尚無與其他各國正式來往之事。

戊、內政方面

（子）擬訂省道縣市組織法；

（丑）舉行清鄉編查戶口及舉辦保甲制度；

（寅）設立警官學校訓練偽警幹部。

己、交通方面

（子）建設公路及鐵路；

（丑）開鑿運河，修築港灣。

庚、實業方面

（子）收買棉產；

（丑）開發礦產；

（寅）收買食糧；

（卯）改良牲畜。

辛、民眾組訓方面

組織「新民會」，由王克敏自任會長。

附註

偽府受敵人控制，最近指揮人為敵酋多田駿（北支派遣軍司令官）與敵酋喜多誠一（華北特務部長）。

「**維新政府**」（二十七年三月二十八日成立）

統轄地區

　　偽府設南京，轄有江蘇、浙江、安徽三省之淪陷地區，各省設偽省府，各縣設偽縣府或維持會，並設南京、上海二偽市。

內部組織

　　偽府設立法、行政、司法三院，三院之上又設「議政會議」。

（一）「議政會議」為偽政府最高機關，由各院部長及最高顧問為當然委員，必要時各部次長亦得列席。

（二）「行政院」設院長一人，下設秘書廳，通濟、印鑄、宣傳三局，及內政、外交、財政、綏靖、教育、實業、交通、司法行政八部。

（三）司法院未成立。

（四）立法院設院長一人，下設外交、法制、經濟、財政四委員會。

主要偽官

（一）立法院長溫宗堯，外交委員長吳文，法治委員長馬承鍔，經濟委員長張韜，財政委員長黃士龍。

（二）行政院長梁鴻志，秘書長吳用威。

（三）內政部長陳羣，外交部長夏奇峰，綏靖部長任援道，教育部長顧澄，實業部長廉隅，交通部長江洪傑，財政部長陳日平（代），司法行政部長胡礽泰。

（四）江蘇省長陳則民，浙江省長汪瑞闓，安徽省長

倪道烺。

（五）通濟局長朱曜，印鑄局長李宜倜，宣傳局長孔
憲鑑。

（六）南京市督辦高冠吾，上海市長傅筱庵。

一般動態

（一）立法院之工作，為討論偽幣及肅清偽區內之游
擊隊問題，最近又訂定變相徵兵抽編法，及青
年防共法案等。

（二）行政院之工作，即其所屬各部門之活動。

　　甲、綏靖方面

　　　　（子）招撫雜牌匪軍及地痞流氓；

　　　　（丑）襲擊我方游擊隊；

　　　　（寅）創辦偽軍官學校訓練下級幹部；

　　　　（卯）設立士兵訓練所。

　　乙、教育方面

　　　　（子）編訂教育宗旨及實施方針；

　　　　（丑）變更中小學制度；

　　　　（寅）編輯中小學教科書；

　　　　（卯）恢復社教機關並舉行東方文化座
談會；

　　　　（辰）籌設南京大學。

　　丙、財政方面

　　　　（子）攫取江海關監督權；

　　　　（丑）限制人民攜帶偽鈔；

　　　　（寅）成立鹽務管理局；

　　　　（卯）設置稅務署；

　　　　（辰）許可敵偽合辦之通源公司專賣權。

丁、外交方面

　　　　（子）間接進行國際交涉；

　　　　（丑）向上海租界屢興糾紛；

　　　　（寅）派駐東京、朝鮮、偽滿等辦事處
　　　　　　　代表；

　　　　（卯）與偽滿互調通商使節。

戊、內政方面

　　　　（子）擬訂省道縣組織條例及清鄉編查戶
　　　　　　　口保甲辦法；

　　　　（丑）改變警察制度；

　　　　（寅）設立行政人員訓練所；

　　　　（卯）設立警官學校。

己、交通方面

　　　　（子）修復鐵路；

　　　　（丑）成立京滬杭間汽車公司；

　　　　（寅）設立華中電氣通訊公司；

　　　　（卯）恢復郵局；

　　　　（辰）統制及經營內河航運。

庚、實業方面

　　　與敵華中振興公司所屬各分公司合資經營
　　　開發各種實業。

辛、司法行政方面

　　　　（子）成立三省高等法院；

　　　　（丑）成立司法人員養成所，並登記司法
　　　　　　　人員；

（寅）組織法規討論委員會；

（卯）改訂律師制度。

壬、民眾訓練方面

組織「新民會」，由梁鴻志自任會長。

附註

偽府受敵控制，最近之指揮人為敵酋坂〔板〕垣征四郎（敵兼中支派遣軍司令官）與敵諜原田熊吉（敵華中軍特務部長）。

「蒙古聯合自治政府」（二十八年九月十四日由三個獨立自治政府，即察南、晉北及蒙古聯盟合併而成）

統轄地區

偽府設張家口，轄有察南十縣及張家口市，晉北雁門關以北十三縣，內蒙古之察哈爾、巴彥搭拉、錫林果勒、烏蘭察布、伊克昭等五盟及厚和、包頭二市之淪陷地區。

內部組織

偽府設主席、參議府、政務院及蒙軍總司令部。

（一）偽府設主席一人，主席發生事故時，根據法律之規定，由副主席代理之。

（二）「參議府」設議長一人，副議長一人，參議若干人，下設秘書處，設秘書長一人。

（三）「政務院」設院長一人，諮議若干人，牧業局，總務、民政、治安、司法、財政、產業、交通各部，晉北、察南二政廳，及各盟公署。

（四）「蒙軍總司令部」設總司令一人，參謀長二人，

附設砲兵訓練所，並統率蒙偽軍八師。

主要偽官

（一）主席德穆克棟魯普，副主席夏恭、于品卿。

（二）參議府議長吳鶴齡，秘書長村谷彥次（倭人）。

（三）政務院院長卓世海，諮議雄王、王宗洛。

（四）蒙軍總司令李守信，參謀長烏嘏廷、劉星寒。

（五）總務部長關口保（倭人），民政部長松津旺楚克，治安部長丁其昌，司法部長陶克陶，財政部長馬永魁，產業部長杜運宇，交通部長金永昌，牧業局長郭王。

（六）晉北政廳長官田汝弼，察南政廳長官陳玉銘。

（七）張家口市長韓廣森，厚和市長賀東溫，包頭市長劉繼廣。

一般動態

（一）主席代表政府總攬政權，決定法律之公佈及執行，制定官制，並決定官吏之任免及其俸給，及軍隊之統帥。

（二）參議府備主席詢問關於重要政務事項。

（三）政務院之工作，即其所屬各部門之活動。

　　甲、治安方面

　　　　（子）防偽蒙軍反正；

　　　　（丑）對五原、伊克昭盟採取攻勢；

　　　　（寅）整理警備機構；

　　　　（卯）開闢公路網；

　　　　（辰）加緊訓練壯丁；

　　　　（巳）組織「防共青年團」；

（午）成立偽警察隊；

（未）推行宣撫工作，頒佈共黨自首條例。

乙、教育方面

（子）設立專門學校；

（丑）編輯防共親日之教本

（寅）設立民教館及宣撫班；

（卯）開設日語補習學校。

丙、經濟方面

（子）嚴厲取締我法幣及地方政府發行之流通券；

（丑）成立偽蒙疆銀行及實業銀行；

（寅）設置稅務局，增加苛捐雜稅；

（卯）開發礦產，榨取原料。

丁、工商業方面

（子）工業方面，敵設有製粉公司、毛織廠及皮革廠等；

（丑）商業方面，仇貨充斥，三井、三菱等公司在綏、包皆設支店。

附註

偽府受敵人控制，最近指揮人為敵酋剛〔岡〕部直三郎（蒙疆駐屯軍司令）與金井章二（最高顧問）及敵諜酒井隆（蒙疆聯絡部長），而各部次長亦大多為敵人也。

「廣東政務委員會」（原為「廣東省治安維持會」，本
年十一月十九日改組成立）

統轄地區

　　統制廣東全部之偽組織。

內部組織

　　偽會設正副委員長各一人，又成立偽廣州市公署，
下設四處：（一）秘書處、（二）復興處、（三）財政
處、（四）警務處。

主要偽官

（一）偽會委員長彭東原，副委員長江道源。

（二）偽廣州市長彭東原（兼），秘書處長潘雲閣，復
　　　興處長歐大慶，財政處長許少榮，警務處長李
　　　道軒。

附註

　　最近指揮人為敵酋安藤（南支那派遣軍）與敵諜成
川大佐（駐粵敵軍特務機關長）。

「瓊崖政務委員會」（瓊崖偽組織原有海口、府城、文
昌、儋縣等維持會，八月初敵召集縣代表大會選出政務
委員九人，再由九人中選出正副委員長各一人組織之）

內部組織

　　偽會設正副委員長一人，下有委員七人。

主要偽官

　　偽會委員長趙士桓，副委員長吳直夫，委員林曜李、
謝若愚、詹松年、毛鏡澄、劉乙公、李濟民、李志健。

附註

指揮人敵酋令田中佐（敵海南派遣軍本部所派）。

「汕頭市善後委員會」（原為「汕頭市維持委員會」，八月十八日改稱）

內部組織

偽會設委員長一人，下設秘書室，總務、財政、警察三局。

主要偽官

偽會委員長周壽卿，秘書吳伊周、呂純良，總務局長邱聚南，財政局長蕭錫齡，警察局長沈榮光。

附註

指揮人敵諜大本四郎（汕敵陸軍特務機關長）。

「湘鄂贛三省政務指導委員會」

統轄地區

偽會指揮偽湖北省政府、偽湖南省政府籌備委員會，及偽江西省政府籌備委員會三組織。

一般動態

敵未進攻長沙以前，武、漢各重要漢奸受汪逆精衛指使，擬組「湘鄂贛三省政務指導委員會」於武漢，並擬同時成立偽湖北省政府、偽湖南省政府籌備委員會及偽江西省政府籌備委員會三組織，受三省政務指導委員會之指揮，當時鄂省漢奸何佩瑢等因期待該項偽組織之成立，曾一度赴滬面謁汪逆，請示一切，返漢後即著手組織指導委員會，該會原擬直屬偽中央政府，但因偽中

央政府未能成立,敵在湖北戰事又告失利,長沙迄今仍在我手,此所謂三省政務委員會亦因此流產矣。

「湖北省政府」(十一月五日在漢口成立)

內部組織

採用首長制,下設秘書處,民政、財政、教育、建設、警務五廳。

主要偽官

偽省長何佩瑢,秘書處長張若柏,民政廳長汪澐,財政廳長劉泥青,建設廳長宋懷遠,教育廳長徐慎五,警務處長王壽山。

一般動態

鄂省重要漢奸何佩瑢、雷葆康等,因三省政務指導委員會未能如期成立,乃慫恿漢敵先組偽湖北省政府。

附註

指揮人敵酋岡村寧次(敵第十一軍軍長)、敵諜柴山兼四郎(敵漢口軍特務部長)。

「江西省維持會」(四月間在南昌成立)

內部組織

將南昌劃分東、南、西、北、中五區,設立五個分會,每分會設會長一,副會長一,秘書長一,並設總務、商務、內務、外交、財政及諜報等股,另設聯絡員若干,概由該地保長兼任(偽會長胡蕙向敵宣撫班之建議)。

主要偽官

偽會長胡蕙。

一般動態

敵對胡逆不滿，近已請准辭職，繼任人選未定。

附註

指揮人敵諜布施安昌（南昌敵特務機關長）。

「廈門特別市政府」（原為維持會，本年七月一日改組成立）

內部組織

偽府設市長、副市長各一人，下設總務、財政、教育、建設、公賣、僑務六局，另設警察廳、高等法院、地方法院等。

主要偽官

偽市長李思賢，秘書張修榮，財政局長金馥生，教育局長張晉，建設局長盧用川，公賣局長林濟川，僑務局長陳克偉，警察廳長、高等法院院長均由李思賢兼，地方法院院長黃仲康。

附註

指揮人敵諜水戶春造（敵興亞院廈門聯絡部長）。

「金門島治安維持會」（二十七年十一月十八日成立）

內部組織

偽會設會長一人，副會長二人，秘書長一人，下設司法、財政、教育、衛生、警察五科。

主要偽官

　　偽會長王庭植，副會長蔡文篇、王天河，秘書長王庭楨，財政科長蔡文篇（兼），教育科長許輯侯，衛生科長黃宏源，警務科長陳生元。

附註

　　指揮人敵諜水戶春造（敵興亞院廈門聯絡部長）。

（二）汪逆精衛活動之調查

■　時間　二十七年十二月十九日

　　地點　河內

　　住處　初住首都旅館，後遷哥隆術二十七號

活動經過

　　二十七年十二月十八日，汪逆精衛棄職潛至河內，二十九日在港發表「艷電」，響應近衛誘降聲明，主張向敵乞和，並唆使敵軍繼續進攻，作中央突破計畫，企圖包圍四川，截斷中央之國際交通線，後因曾仲鳴被刺，又發表一文，題曰「舉一個例」，將國防最高會議紀錄批露，洩漏外交軍事秘密。

■　時間　四月二十五日

　　地點　上海

　　住處　江灣路中山別墅，虹口重光堂，狄斯威路敵武
　　　　　官室，西摩路何東住宅，福履理路五七〇號

活動經過

　　四月二十五日離河內，過港時發表聲明向敵乞憐，到滬後設立機關，收買徒黨，並作種種無恥之行為。

■　時間　六月一日

地點　日本

住處　先住箱根，後移葉山御用署

活動經過

六月一日乘敵機飛日，訪晤近衛、平沼、坂〔板〕垣等，並謁見天皇，當即締結「汪平沼協定」，並附訂密約十餘條，八日返滬。

■　時間　六月二十六日

地點　北平

住處　在津住日租界宮島街日軍招待所，在平住鐵獅子胡同顧宅山下參謀長寓所

活動經過

六月二十六日乘機飛津，翌晨轉平，除訪晤敵酋杉山、喜多及王逆克敏外，並擬面謁吳佩孚合作被拒，又擬恢復民國十九年之僞擴大會議，號召國內各黨各派組織僞府，但無結果，二十八日返滬。

■　時間　七月五日

地點　南京

住處　國際聯歡社

活動經過

七月五日飛京，拜訪敵酋山田、原田，並與梁逆鴻志商討僞組織問題，但因敵方態度冷淡，無結果，當日返滬。

■ 時間　八月一日
　　地點　廣州
　　住處　東山梅花村退思園，百靈路中大醫院，東河
　　　　路執信學校

活動經過

　　七月九日，在滬初度廣播講演「我對於中日問題之
基本信念及前進目標」，反對主戰，攻擊共黨，再度響
應近衛聲明，堅決主張恢復和平。八月一日自滬飛粵，
從事西南軍政首領之拉攏工作，並擬據粵為活動根據
地，當與敵酋安藤訂立密約，除先組織偽粵省府外，並
將以廣東為試驗和平地區。但自八月九日廣播講演「怎
樣實現和平」後，因其大談撤兵，深受安藤及敵國內外
之反對與譴責。

■ 時間　八月九日
　　地點　上海
　　住處　愚園路一一三二號

活動經過

　　八月二十八日，汪派走狗二百餘人，在滬舉行偽代
表大會，先由汪逆講演反對抗戰主張乞和，後又宣讀預
定議案，草草通過。在黨務方面，推舉汪逆為偽中執委
會主席，並選出偽中委八十人。在政治方面以反共為基
本政策，恢復中日邦交，連同各黨各派組中政會，並儘
速召集偽國民大會，實施憲政，會後並發表宣言，侈談
三民主義及施政方針。

■ 時間　九月五日

活動經過

　　九月五日偽六次一中全會，決議組織中央黨部，暫設上海，並推汪精衛、周佛海、傅侗、何世楨、梅思平、戴英夫、陳公博為常委，褚民誼為秘書長，陳春圃、羅君強副之，梅思平兼組織部長，戴英夫、周化人副之，陶希聖為宣傳部長，林柏生、朱樸副之，丁默村為社會部長，汪曼雲、顧繼武副之，各地偽黨部亦在進行建立，已成立者有上海、天津、香港、浙江、江蘇等處。

■ 時間　九月二十日
　　地點　南京

活動經過

　　九月廿日再度赴京，與王逆克敏、梁逆鴻志舉行所謂南京會議，據汪方宣傳謂已決定偽中政會及偽中央政府之組織事宜，且將要求國際承認。實則三方意見紛歧，不歡而散。

■ 時間　十月一日
　　地點　東京

活動經過

　　十月一日，汪逆二度赴日，期對南北二偽政府予以適當之解決，並要求敵政府准其編練二十個師團。但敵方之意，偽中央因窒礙正多，應暫緩成立，南北二偽政府人員因首先投敵，應予重用，至編練軍隊一節，祇可

招編警衛師二師。汪逆因此不得要領，狼狽而歸。

■　時間　十二月三十日
　　地點　上海

活動經過

　　汪逆與敵方商討偽組織條件，十月間即已開始，迄無結果，迨至十二月初旬，雙方又提出所謂「折衷方案」，仍以敵方堅持苛刻要求，不肯讓步，一度停頓。嗣因東京於二十三日訓令敵興亞院駐滬特派員山田轉知汪逆，取消由汪逆單獨組政府之前議，復派佐佐木來滬，加緊對汪逆之監視，乃由周逆佛海建議，略事遷就，於二十八日重開談判，至三十日，汪逆竟在滬六三花園，與敵方簽訂所謂「日支新關係調整要綱」等密約。

最近企圖

汪逆最近之企圖有三：

　　第一成立偽中政會，其次組織偽中央政府，又次編練偽和平救國軍，茲分述其進行情形如下。

（一）成立偽中政會

　　汪逆於偽代表大會閉幕後，即擬成立偽中央政治會議，委員名額擬定三十人至五十人，汪派十名，梁方五名，王方八名，漢方二人，粵方二人，廈門一人，其餘由各黨各派推舉，但因敵方意見不一，梁、王不允合作，一再延期，尚無結果。

（二）組織偽中央政府

汪逆近專力於偽中央政權之建立，擬改主席制，集權於主席，其他均仿國府現行制度，首都仍建南京，沿用青天白日旗，主要偽官，如五院院長、十部部長，群奸逐鹿正烈，咸欲粉墨一試。近敵汪雙方提出「折衷方案」，汪逆竟不惜賣國求榮，與敵簽訂「日支新關係調整要綱」等密約。據最近各方情報推測，敵軍閥為欺矇其國民計，有支持汪逆組織偽政權之勢。

（三）編練偽和平救國軍

汪逆原擬編二十個師，未得敵方許可，乃組織所謂收編委員會、綏靖委員會，希圖勸誘抗戰隊伍。但其計畫完全失敗，其所收編之若干匪軍，或仍有民族意識，隨時可以反正，或係烏合之眾，不堪我軍一擊。敵汪雖多方設法防止與督促，仍未見效，近又成立偽「中央軍官訓練團」，亦不過招致若干落伍軍人耳。

三、各黨派現況之調查

共產黨／實力之發展

動向

　　該黨原以陝甘寧邊區為發展實力之根據地，惟該邊區地瘠民貧，且時在敵軍威脅之下，故一方向隴東積極發展，以為退守西北之準備，且謀溝通蘇聯，一方向晉省厚植基礎，以便控制華北，更進而與冀、魯、蘇、皖之該黨部隊聯成一氣。

在隴東之發展

　　該黨經營隴東之計畫略分三期：

　　第一期以政治力量赤化固原、鎮原、慶陽、寧縣、正寧各縣，並於鎮原、寧縣、枸邑三縣配備相當兵力。

　　第二期截至二十八年六月底止，擴展赤區至涇河沿岸，消滅當地之自衛力量。

　　第三期在涇川、靈台樹立下層基礎，乘敵進攻西北時，以大兵席捲六盤山以東各縣。

　　由於上項計畫之實施，曾引起該黨與地方當局間之劇烈衝突，但因當局之相機防止，故該黨所得甚微。

在晉之發展

　　該黨於二十八年七月間將抗日大學、魯迅藝專等學校及各機關人員調派一萬餘人，由延安開往五台，在晉東一帶積極擴展游擊隊，設立兵工廠，並利用犧盟會、公道團名義，深入農村，掌握各級組織，又利用《新華日報》宣傳共產主義，以期鞏固其在晉察冀邊區之游擊根據地。

在蘇魯邊區之發展

　　十八集團軍在蘇魯邊區組織隴海南進支隊、東進支隊，及津浦支隊，其實力之發展甚速。魯南偽皇協軍曹景玉部四千五百人，大部已為東進支隊所吸收，南進支隊則假借邳縣動員委員會名義，登記民槍，強迫成立自衛團，並在徐海、灌雲一帶誘騙民槍，擴充實力。

新四軍之擴編

　　新四軍軍長葉挺，自以剋扣軍餉，虐待部屬，將第四支隊司令高俊亭執行槍決後，即將該支隊所屬第七團編入第三支隊，以第八團、挺進團、游擊縱隊及補充第一團編為第四支隊，由林萱任司令，而以第九團補充第二團，及第十團編為第五支隊，由羅炳輝任司令。

共產黨／與地方當局之摩擦

陝北各縣摩擦情形

　　陝甘寧邊區政府，於陝北各縣均派有縣長，以與省委縣長對立，常因政權關係發生衝突，駐防各縣之十八集團軍，及共黨所編訓之武裝部隊，更常有驅逐地方官吏情事。如二十八年三、四月間，則有十八集團軍警備第四團陳光樹部，及抗日大學學生開進安定縣城示威，佔據碉堡，攻擊縣府保安隊，及該集團軍獨立營陳國棟部強迫接收鄜縣城防之事件。五月間，則有邊區所派延川縣長及所屬保安隊包圍延川縣府，強迫縣長房向離離縣，暨十八集團軍獨立營高戍仁部圍攻枸邑縣政府及保安隊，並搗毀各黨政機關之事件。十一月間則有該集團軍一二○師三五九旅脅迫專員何紹南及吳堡、清澗兩縣

長離職之事件。

鎮寧事件

十八集團軍七七〇團張懷興營，因甘肅三區保安司令部逮捕共黨份子，當即監視鎮原縣長鄒介民行動，並於四月二十一日雙方發生衝突後，強佔縣城，鄒縣長等被迫逃出。該集團軍三五八旅汪祖米營，亦於四月二十三日驅逐寧縣保安隊崗兵強佔東山，阻止壯丁進城受訓，並於同月二十九日侵佔城樓，圍攻縣府及保安隊。後經第八戰區令長官部代表譚季純及十八集團軍代表王觀瀾等往返調解，始告解決。

與河北民軍之摩擦

六月二十二日，十八集團軍一二〇師賀龍部三萬餘人，在冀縣白馬莊包圍冀察戰區總司令部辦事處及民軍張蔭梧部獨立第一旅二千餘人。該集團軍呂正操部，亦於同時襲擊駐深縣之民軍第二軍喬明禮部，自後雙方互相戒備，不時發生衝突。八月十二日，該集團軍一二九師三百餘人，又在贊皇馬峪村與民軍王子耀部衝突，同月十六日該師即調集萬餘人分路襲擊民軍及贊皇胡家菴之民軍總部。自八月十二日至二十九日之間，河北民軍之被該集團包圍繳械者，計有贊皇之民軍第五旅，及邢台縣西崔路村之民軍百餘人，河南武安之民軍亦遭襲擊，傷亡千餘人，武安鎖會村民軍一團，則被全部繳械。張蔭梧親率所部萬餘人，由贊皇南退武安，沿途為一二九師襲擊，僅剩二千餘人。

與山東秦啟榮部之摩擦

駐魯之十八集團軍縱隊司令張繼武，於二十八年五

月間，圍繳山東建設廳長兼山東第五縱隊游擊司令秦啟榮部槍械，並勾結第三區行政專員張里元所屬保安隊，到處與秦部為難，八月中旬雙方又在博山一帶發生衝突。嗣由司令長官于學忠調解，該集團軍撤退黃河以北，秦部則由于點編。

共產黨／不法情形
割裂縣區破壞行政系統
陝甘寧邊區政府改劃宜川及甘泉各一部為古臨縣，又名紅宜縣，榆林、葭縣、神木、府谷各一部為神府縣，慶陽、固原、環縣各一部為曲子縣，固原、豫旺各一部為固北縣，合水、慶陽各一部為華池縣，又名化赤縣，栒邑、邠縣各一部為赤水縣，淳化、耀縣各一部為淳耀縣。並改稱膚施為延安，保安為志丹，安塞為赤源，正寧為新正。又劃府谷、神木、安邊、定邊、靖邊、綏德、米脂、葭縣、吳堡、清澗等十縣為統一戰線區，造成多頭政治，原有保甲制度破壞無餘。

防止國民黨活動
陝甘寧邊區政府各縣共黨縣委嚴防國民黨活動，禁止人民與國民黨員談話，限制國民黨在邊區內施行政權，並徹底反對保甲制度。

潛入中央軍活動
駐慶陽之十八集團軍三八五旅，將慶陽、正寧、合水、寧縣、鎮原等縣農民施行訓練後，派往邊區附近，設法打入中央軍充當新兵，刺探軍情，並備於國共分裂時為內應。

包庇走私

寧夏鹽池及陝北定邊駝商常赴包頭販運仇貨，每月達三千擔以上，十八集團軍從中抽稅後，任其通行無阻，二十八年四月份所收稅款達八十萬元之鉅。

向綏蒙搶奪食鹽

駐綏遠之十八集團軍，於二十八年一月下旬，在鄂托克旗搶去食鹽二十餘車，其警備第二團三百餘人及騎兵一營，並即進駐苟池之羊糞渠子及其附近，三月十六日該軍百餘人進襲苟池，與蒙兵衝突，十八日晚，該軍二百二十餘人，又分三路赴苟池搶鹽。

國社黨／對各黨派之關係

與汪精衛之關係

國社黨首領張君勱前與汪精衛同往德國時，過從甚密，汪返國後，即多方袒護國社黨，擬運用之為其外圍組織。治抗戰軍興，並允補助該黨經費三萬元，惟該款僅付一半，汪即出走。張對汪之和平主張頗表同情，該黨常駐港負責人徐傅霖亦暗與汪聯絡，而該黨執委陸鼎揆、諸青來等，則已附汪充偽中央委員。

與青年黨之關係

汪精衛在渝時曾組織怡社以拉攏各黨派，國社、青年兩黨重要份子均參加活動，故兩黨關係一時頗為融洽。汪出走後，張君勱謀與青年黨合作，曾派羅隆基與左舜生接洽，並親與李璜晤談數次，惟因青年黨表示反對，故無結果。

國社黨／對外交之陰謀

宣傳日蘇接近

張君勱及羅隆基於九月七日及十三日，與青年黨首領李璜及左舜生商談外交問題，擬擴大將日蘇訂立互不侵犯條約，實行瓜分中國之謠言，促使英法出面調停中日戰爭，因左舜生等反對而罷。九月二十日，該兩黨首領又在新村三號會商前項外交路線，仍擬利用外文報紙、通訊社等，加緊宣傳日蘇接近事實，爭取英法出面調停。

連絡敵特務機關

該黨駐港負責人徐傅霖與周世楨在港創辦肇興貿易公司，由該黨幹部楊文德負其總責，資本十萬元，專販仇貨，與駐港特務機關暗取聯絡，與蓬萊水產公司亦有密切關係。

青年黨／工作計畫

建立中心區

該黨首領李璜與四川省銀行副經理劉泗英擬具西南建設計畫，謀利用政府力量，經營康省之寧屬各縣，以為該黨之中心地區。

代表大會議決案

該黨於二十八年一月間在成都召開代表大會，議決：

（一）大量吸收各校學生為外圍；

（二）派遣大批幹部，投考各軍事學校，參加各軍事機關工作，並把持教育界。

幹部會議議決案

該黨首領李璜於九月二十五日在渝召集幹部會議議決：

（一）開發後方實業，建立經濟基礎；

（二）開辦學院，訓練幹部；

（三）整理成都自強社，佈置全川情報網。

青年黨／對軍警方面之陰謀

包圍康省政軍領袖

該黨以中委楊叔明包圍西康主席劉文輝，以現任二十三集團軍總部副官長郭叔皋、參謀處長林華等包圍二十三集團軍總司令唐式遵，並由郭薦該黨重要份子徐孝匡為該集團軍總部參謀長。

潛入中央警校活動

該黨特派員投考中央警官學校，自第五期以後已陸續增至十八人，謀在該校吸收優秀份子，並探取該校之訓練情形。

收編部隊

該黨特派別動隊員韋去非來往灌縣、成都等處收編部隊，藉志願兵團名義，參加各部隊，造成該黨之潛伏勢力。

青年黨／對地方行政之陰謀

在寧屬建立經濟基礎

李璜等率川康視察團南路組過西昌時，召集該黨在西昌之主要份子周遊等，在西昌縣政府密談，以寧屬各

縣為中心，吸收經濟、教育兩界之下級幹部，並且利用
西昌縣政府，發展鄉村教育，策動西昌行轅集中人材，
開發寧屬，建立經濟基礎。

把持縣政

　　該黨在南充之重要份子，計有專員公署秘書董咸
宜，民財科長姜元亮，行政視察專員李挹清及區長胡玉
璞、黃廷傑、馮孝先等，又利用縣政府第一科長楊伯濤
包圍南充縣長張赤文，把持全縣教育，江津縣長青偉及
其秘書科長，亦均該黨份子。

民族革命同志會／內部概況

成立經過

　　閻錫山因共黨把持軍政，犧盟會、公道團又為該黨
所利用，乃另組民族革命同志會，從事反共工作，並抑
制犧盟會及公道團之活動，對外則稱精神建設委員會。

幹部及組織

　　該會由閻自兼會長，而以邱仰濬、梁敦厚、薄毓
相、王懷明、王謙、劉岱峰、席竹虛等十三人為執行委
員，下設秘書、組織、宣傳、考核、政事五處。

民族革命同志會／內部派別

同先派

　　該派由王靖國領導，即民族革命同志會先鋒隊，其
目的在吸收各部隊優秀幹部及由軍訓團受訓返晉之軍
官，再漸次向各部隊發展。

民青派

該派由梁化之領導，即民族革命青年隊，多係以前犧盟會份子，思想左傾，為共黨所操縱利用。

幹部派

該派以楊愛源、趙承綬、王靖國、陳長捷、邱仰濬、薄石丞、李冠昶、杜春沂、郭宗汾、白丁沂等為核心，其目的在削減犧盟會左傾份子，鞏固晉綏軍政，擁護閻錫山。

民族革命同志會／與犧盟會之摩擦

奪取犧盟會政權

民族革命同志會成立後，到處奪取犧盟會政權，並成立各種團體，與犧盟會對峙，糾紛時起，三月二十五日，閻錫山在秋林召集第二戰區軍政幹部會議時，梁化之領導之犧盟會幹部極力宣揚左傾理論，民革會幹部則極力攻擊犧盟會，並揭穿共黨之陰謀，雙方爭辯極烈，後由閻分別解釋，始免決裂。

共黨之反響

民革會與犧盟會互相摩擦後，共黨在晉東南及五台一帶，向民軍極力宣傳晉軍擾民，並擬藉敵軍之力，阻止晉軍推進晉東北之計畫，又提出打倒頑固份子之口號。

第三黨／最近動向

自黃琪翔獲任軍委會政治部副部長以來，該黨中堅份子朱代杰、莊明遠、丘學訓等，遂相率出任要職，從

事該黨活動，在粵省以興甯縣為活動中心，深入東江各地，在渝有螞蟻社之組織，積極拉攏職工，在閩省方面，該黨份子陳雪華前已奉閩省府發表為永定縣長，現正乘機發展組織，該黨最近動向，為圖取得公開活動之地位，曾有擁戴李濟深為該黨領袖之擬議，極力排斥共黨，而對本黨則多方面祈求接近。

四、中心工作之指導

敵情偵察／指導事項

（一）關於在華作戰敵軍之番號、兵種、兵力、駐地、編制及敵軍調動，兵員補充，與軍實運輸、儲藏地點等，迭經飭屬切實注意查報。

備考：另令淪陷地區各區站組遵辦。

（二）敵軍高級將領會議之內容與作戰計畫，及其部署情形，經令飭嚴密注意查報。

備考：另令淪陷地區各區站組遵辦。

（三）敵軍構築防禦工事、修築鐵路公路等情形，經飭嚴密注意偵察，並設法予以破壞。

備考：另令淪陷地區各區站組遵辦。

（四）詳細偵察敵艦敵機之活動及騷擾情形，敵軍彈藥倉庫所在地點，及敵機場之位置容量，並將其顯明目標詳報。

備考：另令淪陷地區各區站組遵辦。

（五）關於敵區內之一切政治、經濟設施，編練偽軍，發行偽鈔，及我法幣流通情形，迭飭注意查報。

備考：另令淪陷地區各區站組遵辦。

（六）關於敵機轟炸我方所受重要損失，我機出動炸敵所獲效果，以及我敵陸空軍戰況，雙方得失傷亡情形，迭飭詳查確實統計具報。

備考：通令遵辦。

（七）關於敵偽對我之重要企圖與陰謀，及敵國內外
　　　之重要反戰事實，迭飭所屬注意查報。

備考：通令遵辦。

敵諜漢奸偵察／指導事項

（一）嚴密偵察各國在華使節及其他重要外僑之言
　　　行，並監視有敵諜嫌疑各外僑之活動。

備考：先後通飭陝、甘、寧、晉、青、察、綏、滇、
　　　黔、川各區站組切實遵辦。

（二）港、滬等地，目前為敵諜漢奸活動之淵藪，並
　　　派大批漢奸潛入我內地，煽惑利誘我軍政長
　　　官，實行暗殺工作，企圖破壞我軍事設施，
　　　擾亂我後方治安，迭經飭屬注意偵察，嚴密防
　　　範，並通飭各郵電所注意檢查可疑郵電。

備考：另電港、滬，並飭後方各站組遵辦。

（三）漢奸汪精衛積極活動成立偽中央組織，並派遣
　　　漢奸潛入內地，活動我中央人員參加偽組織，
　　　煽惑地方軍政當局與敵謀和，迭經飭屬嚴密防
　　　範，並對汪逆及附逆諸漢奸，相機予以制裁。

備考：另電港、滬及內地各站組切實遵辦。

（四）關於敵偽指派漢奸收買我作戰部隊，及其他重
　　　要企圖與陰謀，暨重要漢奸之活動，隨時嚴飭
　　　偵察注意防範。

（五）調查「臨時」、「維新」、「蒙古」等偽政府
　　　之組織人事及其一切活動情形，並設法使其不
　　　與汪精衛合作，以打擊偽中央政權之樹立。

軍事偵察／指導事項

（一）各部隊將領對抗戰之言論態度，及其策劃指揮
　　　前方作戰之實況，各部隊士兵之抗戰信念與情
　　　緒，軍紀之優劣等，隨時飭屬詳細查報。

備考：通令各軍事通訊員及各戰區站組遵辦。

（二）關於我軍作戰，因軍械、餉糧、交通、運輸等所
　　　受之影響，迭飭所屬將其具體事實詳細查報。

備考：通令各戰區站組遵辦。

（三）後方各地徵募壯丁編練兵員，時有受賄賣放、勒
　　　索舞弊等情事，迭經飭屬檢舉事實，搜集證據。

（四）各戰區游擊隊，游而不擊，系統紊亂，且不時
　　　有擾民不法截繳槍枝等情事，迭飭所屬對各地
　　　義勇軍、便衣隊、游擊隊等之首領姓名、背
　　　景、實力、組織、成分、給養來源與活動情形
　　　等，作整個調查。

（五）後方各地傷兵藉事滋擾，各兵站醫院及傷兵管
　　　理處，復多有貪污瀆職等情事發生，迭經令飭
　　　查明事實證據。

備考：另令後方各區站組注意遵辦。

（六）川、黔、豫各地民間槍枝甚多，股匪極為活
　　　躍，迭飭將其匪首姓名、實力、企圖及竄擾情
　　　形查報。

備考：令川、黔、豫各區站組遵辦。

政治偵察／指導事項

（一）對於國內政局，每一重大事件之發生與轉變，
隨時將本身工作應注意之點，及吾人應取之態
度，予以正確指示與認識。

備考：隨時通令飭遵。

（二）汪逆精衛以川、康、滇軍政要人態度模稜，擬
乘機肆其煽惑伎倆，多方派其黨羽分別活動劉
文輝、潘文華、龍雲等，使其脫離中央，經先
後飭屬深入偵察，嚴密防範，以粉碎其陰謀。

備考：分令川、康、滇各區站切實遵辦。

（三）川、康軍政當局，常憑藉其他地位關係，公開
武裝販烟以飽私囊，經飭屬嚴密偵察，獲得事
實證據後，以肅清存土督辦公署糾察室名義予
以有效取締，對各級政府執行禁烟政令情形，
並飭各地隨時查報。

備考：令川康區遵辦。

（四）各地黨政人員之走私販毒，行為腐化，貪污瀆職
以及兵役舞弊之重大事件，迭飭所屬嚴密徹查，
除應詳敘事實經過外，並須設法取得確實證據。

備考：令後方各區站組遵辦。

（五）關於中央各部院會及各省重要人員抗戰之態度
與言論，經飭隨時注意查報。

備考：令後方各區站組遵辦。

（六）川、康軍政人員所組織之核心份子之活動，自
　　　劉湘死後，迄未稍戢，彼等一本其川人治川之
　　　地盤思想，不惜掀動政潮，以期保持其封建集
　　　團勢力，迭經令飭所屬嚴密注意其言論態度及
　　　活動情形。

備考：令飭渝區及川康區遵辦。

（七）山西閻錫山、寧夏馬鴻逵、雲南雲龍以及青海
　　　馬步芳等之一切措施與其態度言行，迭經飭屬
　　　嚴密注意偵察。

備考：分別嚴飭遵辦。

（八）關於各省政治派系，各地經濟、交通、建設、
　　　文化、教育之暗潮，以及法幣、走私、購買外
　　　匯等情形，亦經分飭所屬隨時查報。

備考：通飭後方各區站組遵辦。

黨派社團偵察／指導事項

（一）年來共黨活動益趨積極，並有分派共黨秘密打
　　　入各機關團體，擴充實力，爭取領導權，從事
　　　赤化情事。迭經飭屬深入偵察其一切活動與企
　　　圖，並暗中嚴密監視其行動，分化其勢力，惟
　　　須避免正面衝突與直接摩擦。

備考：通令各重要區站組遵辦。

（二）關於共黨部隊（新四軍、八路軍）之實力分佈
　　　狀況與擾民情形，各地國共摩擦事件，以及各
　　　地共黨幹部之年籍、經歷調查，共黨各級組織
　　　調查等，均經分別飭屬隨時查報。

備考：通令飭遵。

（三）各黨派（包括共產黨、青年黨、中國社會黨、第三黨、民族革命同志會等）之一切活動與真確企圖，迭經令飭隨時查報。

備考：通令飭遵。

（四）各地哥老會、青洪幫、漢留道教會、抗敵會、救亡社等秘密社團，及民眾團體在各地之活動，經提示調查綱要令飭查報。並令深入各階層，切實偵察其中有無漢奸及共黨等從中策動主持，必要時並須設法掌握運用之。

備考：通令飭遵。

國際情報偵察／指導事項

（一）國際間對我抗戰之言論與態度，敵方對國際間之一切宣傳，以及一切對我抗戰有關之國際動態等，經飭隨時注意採訪，並嚴密進行偵察其國防軍備。

備考：隨時令飭國內外國際情報員遵辦。

（二）關於國際一般局勢之轉移，世界各重要國家之內政外交之演變，各侵略國之企圖與陰謀，及各民主國之聯合與對策等，經飭注意查報。

備考：隨時令飭國內外國際情報員遵辦。

（三）關於敵方在華與歐美各國之利益衝突，以及敵國內各地反英美運動之激化情形，經飭切實查報。

備考：隨時令飭國內外國際情報員遵辦。

（四）國際間諜以及共產黨、托派、白俄等，在華各
地發展組織與活動情形，迭飭注意查報。

備考：通飭遵辦。

（五）我旅外僑胞在當地之生活環境，以及各地排斥
我僑胞情形，經飭隨時注意查報。

備考：令國外情報員遵辦。

五、貪污不法案件檢舉統計表

呈報或抄送機關	一月	二月	三月	四月	五月	六月
領袖	2	6	9	8	5	9
本會辦公廳	5	55	23	49	34	30
公開機關	2	3	2	1	3	1
本局運用機關	4	5	2	6	5	4
合計	13	69	36	64	47	44

呈報或抄送機關	七月	八月	九月	十月	十一月	十二月	全年總計
領袖	8	15	14	26	18	15	135
本會辦公廳	30	18	31	23	58	36	392
公開機關	4	2	1	2	3	1	25
本局運用機關	3	7	6	7	6	5	60
合計	45	42	52	58	85	57	612

六、一年來敵軍在華作戰傷亡統計表

一月	14,120
二月	28,621
三月	36,800
四月	52,922
五月	50,972
六月	30,924
七月	102,979
八月	18,943
九月	28,101
十月	47,215
十一月	22,751
十二月	47,014
合計	481,362

附記：本表所列傷亡人數係根據各戰區情報員逐日所
報按月統計之。

七、一年來敵機在華作戰損失統計表

	一月	二月	三月	四月
被我空軍擊落數		15		4
被我空軍炸燬數		3		
被我地上高射器部隊擊落數	4	3	5	2
被我陸軍擊燬數			2	2
被我砲兵擊燬數				6
被擊落方向不明或受傷迫降敵陣地數			1	2
自行降落數		1	2	
共計	4	22	10	16

	五月	六月	七月	八月
被我空軍擊落數	3			
被我空軍炸燬數				
被我地上高射器部隊擊落數	5	4		
被我陸軍擊燬數	4			
被我砲兵擊燬數				
被擊落方向不明或受傷迫降敵陣地數				
自行降落數	1	4	6	1
共計	13	8	6	1

	九月	十月	十一月	十二月	全年合計
被我空軍擊落數		3	2	8	35
被我空軍炸燬數		58			61
被我地上高射器部隊擊落數	1	2	2	8	36
被我陸軍擊燬數				2	10
被我砲兵擊燬數					6
被擊落方向不明或受傷迫降敵陣地數	4				7
自行降落數	1			3	19
共計	6	63	4	21	174

附註：本表所列敵機損失數目係根據各地情報員隨時所報按月統計者。

八、一年來敵空軍人員在華作戰被俘死亡潛逃統計表

	被俘數	死亡數	潛逃數	共計
一月	2	6		8
二月		45		45
三月	1	13		14
四月		7		7
五月		31		31
六月	1	12	3	16
七月		21	1	22
八月		1	1	2
九月		7		7
十月	1	108	1	110
十一月		10	5	15
十二月		26		26
合計	5	287	11	303

附記：本表所列敵空軍人員被俘、死亡、潛逃數目係
根據各地情報員隨時所報按月統計之。

九、各戰區游擊隊現有實力調查統計表

	人員	馬匹	槍枝
第一戰區	99,627	2,530	74,962
第二戰區	46,147	2,360	17,349
第三戰區	120,749	1,170	57,609
第四戰區	52,064	1,030	8,732
第五戰區	95,689	2,100	57,467
第八戰區	29,628	1,251	10,025
第九戰區	44,169	1,052	25,250
第十戰區	309	31	130
冀察戰區	98,313	2,185	71,033
蘇魯戰區	130,085	5,067	95,344
合計	716,780	18,776	417,901
備考	包含一部收編之偽軍		僅列步馬槍及手槍，機槍未列入

十、收入情報按月分類統計表

	一月	二月	三月	四月
軍事	950	1,003	1,019	1,381
敵情	2,016	2,197	2,481	2,518
政治	260	289	313	602
黨派	314	357	369	429
敵偽	985	981	1,220	1,022
漢奸	361	379	430	693
不法	323	330	377	524
社情	424	409	623	725
經濟	61	76	89	324
國際	105	118	126	348
總計	5,799	6,139	7,047	8,566

	五月	六月	七月	八月
軍事	1,414	1,408	1,439	1,461
敵情	2,547	2,556	2,620	2,552
政治	597	595	453	516
黨派	431	417	421	398
敵偽	1,034	1,246	1,154	1,187
漢奸	696	691	685	686
不法	548	531	518	523
社情	728	734	663	597
經濟	337	341	300	314
國際	349	363	358	362
總計	8,681	8,882	8,611	8,596

	九月	十月	十一月	十二月	全年共計
軍事	1,457	1,471	1,469	1,501	15,973
敵情	2,613	2,598	2,613	2,649	29,960
政治	537	529	548	516	5,800
黨派	414	409	427	432	4,818
敵偽	1,069	1,163	1,158	1,171	13,390
漢奸	713	706	726	716	7,482
不法	532	524	516	534	5,780
社情	625	633	624	659	7,444
經濟	325	324	350	347	3,188
國際	323	307	328	291	3,378
總計	8,608	8,664	8,759	8,861	97,213

十一、摘呈情報按月統計表

摘呈機關	一月	二月	三月	四月
領袖	302	319	316	315
本會辦公廳	7	66	30	23
軍令部	468	512	810	287
航委會	95	74	291	92
桂林行營			189	76
總計	872	971	1,636	793

摘呈機關	五月	六月	七月	八月
領袖	296	315	329	380
本會辦公廳	50	32	51	29
軍令部	702	633	426	509
航委會	367	266	238	112
桂林行營	27	53	40	77
總計	1,442	1,299	1,084	1,107

摘呈機關	九月	十月	十一月	十二月	全年共計
領袖	372	336	357	308	3,945
本會辦公廳	46	58	63	81	536
軍令部	345	460	454	496	6,102
航委會	84	89	103	146	1,957
桂林行營	104	91	114	177	948
總計	951	1,034	1,091	1,208	13,488

附註：桂林行營係自三月份起開始呈送。

十二、摘呈情報分類統計表

摘呈機關	軍事	敵情	政治	黨派	敵偽
領袖	521	1,700	299	136	332
本會辦公廳	38	8		37	8
軍令部	631	4,949	4	4	388
行委會	8	1,900			35
桂林行營	9	937		1	1
總計	1,207	9,494	303	178	764

摘呈機關	漢奸	不法	社情	經濟	國際	共計
領袖	357	135	43	62	360	3,945
本會辦公廳	53	392				536
軍令部	62	16	21	2	25	6,102
行委會	8		2		4	1,957
桂林行營						948
總計	480	543	66	64	389	13,488

戊、行動司法

一、漢奸敵諜之制裁

（凡最機密並經專案呈報者未列）

類別	漢奸	漢奸	漢奸	漢奸
姓名	周作人	林柏生	黃福森	吳正榮
偽職及其活動	華北偽組織教育部課本刪訂主任	南華日報主筆，鼓吹投敵言論	公共租界捕房第八科科長，受敵津貼，專捕我在滬同志	無錫偽縣警署密探長
承辦區站組	天津站	香港區	上海區	無錫組
制裁月日	1/1	1/18	1/23	1/28
制裁方法	槍擊	鐵鎚鐵棍猛擊	槍擊	槍擊
制裁地點	北平西直門內新街口九道灣寓所	香港德輔道屈臣氏藥房側巷口	上海虞洽卿路口	無
結果	傷	重傷	重傷	死
備考		行動員陳實（陳錫昌）被捕，在港政府獄中，於八月二十五日因與犯人文水口角，被其擊斃		由該組運用游擊隊執行

類別	漢奸	漢奸	漢奸	漢奸
姓名	馬育航	朱錦濤	顧炳忠（顧鳴九）	高鴻藻
偽職及其活動	偽維新政府參議	偽上海市社會局南市辦事處主任，兼市政府特務處公共租界組長，難民收容所給養股長	偽中華衛民軍（即建國軍）總司令，所部第一師駐常熟，第二師駐蘇州，專以分化我游擊隊為任務	滬老西門公安局書記，現任偽水警隊巡官
承辦區站組	上海區	上海區	上海區	上海區
制裁月日	1/29	2/5	2/7	2/16
制裁方法	槍擊	槍擊	槍擊	槍擊
制裁地點	上海南京路新新旅館六樓	上海公共租界憶定盤路寓所	上海南京路冠生園	上海女納金路口
結果	死	死	死	死

類別	漢奸	漢奸	漢奸	漢奸
姓名	屠復（屠正鵠）	陳籙	李國杰	金龍章（金安人）
偽職及其活動	上海南市地方法院院長，與敵勾結，抗不移交	偽維新政府外交部部長	偽維新政府新任交通部長	偽自衛招撫司令
承辦區站組	上海區	上海區	上海區	武漢區
制裁月日	2/16	2/19	2/21	3/4
制裁方法	槍擊	槍擊	槍擊	槍擊
制裁地點	上海法租界貝勒路寓所	上海愚園路六六八弄寓所	上海新聞路	漢口特三區聯怡里
結果	死	死	死	傷

類別	漢奸	敵諜	敵軍官	漢奸
姓名	計國楨	木野 （日人）	高英三郎 （日人）	程介嘏
偽職及 其活動	偽漢口維持會會長	上海紡織一、二、三、四、五、六各廠人事科主任，兼海軍特務部情報主任	敵憲兵補充隊長	偽懷遠田家菴維持會長，抽收房捐及其他稅收供敵
承辦區 站組	武漢區	上海區	杭州站	壽州組
制裁 月日	3/13	3/18	3/21	3/23
制裁 方法	擲手榴彈	槍擊	下毒	槍擊
制裁 地點	漢口路三民路憲兵派出所門首	上海楊樹浦臨清路寓所	杭州矢田野戰醫院	
結果	傷	死	毒發入院斃命	死
備考	斃日顧問一名，重傷二名			

類別	漢奸	漢奸	漢奸	敵諜
姓名	馮心支	程錫庚	馮運昌	古芳和尚 （日人）
偽職及 其活動	偽大民會蘇州聯合會支部長	偽天津聯合準備銀行經理，兼津海關監督	偽討共救國軍二十五路軍總指揮，助敵攻我	杭郊築路監督，為敵招工築路
承辦區 站組	上海區	天津站	河南站	杭州站
制裁 月日	3/30	4/12	4/12	4/27
制裁 方法	槍擊	槍擊	槍擊	刺殺
制裁 地點	蘇州觀前街碧鳳坊巷	津英租界大光明電影院	開封齊魯花園	杭州郊外
結果	傷	死	死	死
備考		行動員祝宗樑被一瑞典人扭傷手部，但安全脫險		

類別	漢奸	漢奸	漢奸	敵諜
姓名	沈壽龍	顧阿毛	姚阿保	宋超（韓人）
偽職及其活動	古芳和尚所屬	古芳和尚所屬	古芳和尚所屬	隸敵蘇州報導班諜查股，在蘇北及蘇常線刺探我軍情
承辦區站組	杭州站	杭州站	杭州站	上海區
制裁月日	4/27	4/27	4/27	5/5
制裁方法	刺殺	刺殺	刺殺	處死（四月二十七日誘獲）
制裁地點	杭州郊外	杭州郊外	杭州郊外	蘇州胡巷鎮
結果	死	死	死	死
備考				

類別	敵諜	敵諜	漢奸	漢奸
姓名	安均甫（韓人）	王吉鴻（韓人）	曹炳生	洪立勳
偽職及其活動	隸敵蘇州報導班諜查股，在蘇北及蘇常線刺探我軍情	隸敵蘇州報導班諜查股，在蘇北及蘇常線刺探我軍情	上海法租界捕房副探長，為敵收買，專捕我愛國份子	偽廈門市商會主席
承辦區站組	上海區	上海區	上海區	閩南站
制裁月日	5/5	5/5	5/6	5/11
制裁方法	處死（四月二十七日誘獲）	處死（四月二十七日誘獲）	槍擊	槍擊
制裁地點	蘇州胡巷鎮	蘇州胡巷鎮	滬金神父路雙龍坊曹寅所之弄口	鼓浪嶼龍頭街
結果	死	死	死	死
備考			行動員小田因受傷被捕，於八月十六日死於廣慈醫院	

類別	漢奸	漢奸	漢奸	敵諜
姓名	鄧希武	周召南	景北田	船山（日人）
偽職及其活動	偽豫省參議兼教育廳秘書長，督促各縣實施奴化教育	偽豫省署秘書	偽豫省署科長	敵領館書記
承辦區站組	河南站	河南站	河南站	南京區
制裁月日	5/20	5/20	5/20	6/10
制裁方法	槍擊	槍擊	槍擊	下毒
制裁地點	開封蔡衚衕三號	開封蔡衚衕三號	開封蔡衚衕三號	敵領事館
結果	死	死	死	死
備考	重傷陳聘一名	重傷陳聘一名	重傷陳聘一名	參加此次宴會人員，有敵偽要員岩村中將、梁鴻志、溫宗堯、高冠吾等三十餘人，因中毒輕微，且醫治迅速，故僅死三人

類別	敵諜	敵諜	敵諜	漢奸
姓名	宮下玉吉（日人）	三浦大佐（日人）	吾妻慶（日人）	高冠吾
偽職及其活動	敵領館書記	敵華中山田司令部高級參謀	敵北支派遣軍徐州情報部長兼憲兵大尉分隊長（因公來杭）	偽南京市長
承辦區站組	南京區	南京區	金華組	南京行動組
制裁月日	6/10	6/10	7/7	7/26
制裁方法	下毒	下毒	綁擒	槍擊
制裁地點	敵領事館	敵領事館	杭州艮山門	南京貢院西街
結果	死	死		未詳
備考	參加此次宴會人員，有敵偽要員岩村中將、梁鴻志、溫宗堯、高冠吾等三十餘人，因中毒輕微，且醫治迅速，故僅死三人	參加此次宴會人員，有敵偽要員岩村中將、梁鴻志、溫宗堯、高冠吾等三十餘人，因中毒輕微，且醫治迅速，故僅死三人	在艮山門綁入麻袋中，渡江轉送金華保安處，經呈奉鈞座電准將該犯解渝訊辦	

類別	漢奸	漢奸	漢奸	漢奸
姓名	楊子卿	陳守邦	沈崧	楊文震
偽職及其活動	偽廣州市商會會長	駐蚌敵暗探	汪逆精衛之甥，在敵偽方面奔走聯絡頗力，並於七月十四日由港赴粵代表汪逆與廣州偽組織接洽一切。八月上旬，又偕雷熙收編部隊，冀圖鞏固敵軍卵翼下成立之偽政權。將於八月二十四日由港赴滬參加偽國民黨代表大會。	偽懷寧第二區署暗探
承辦區站組	廣州站	壽縣組	香港區	安慶站
制裁月日	7/28	8/16	8/22	8/25
制裁方法	槍擊	槍擊	斧砍槍擊	處決
制裁地點	廣州一德路	壽縣	香港安潤街	懷寧縣石牌鎮
結果	死	死	死	死

類別	漢奸	漢奸	漢奸	漢奸
姓名	潘作宏	潘金來	潘少規	潘龍成
偽職及其活動	敵軍嚮導，供認不諱	敵軍嚮導，供認不諱	敵軍嚮導，供認不諱	敵軍嚮導，供認不諱
承辦區站組	漳州組	漳州組	漳州組	漳州組
制裁月日	8/27	8/27	8/27	8/27
制裁方法	「運用東山樓縣長，轉報七十五師二四五旅拘辦」處決	「運用東山樓縣長，轉報七十五師二四五旅拘辦」處決	「運用東山樓縣長，轉報七十五師二四五旅拘辦」處決	「運用東山樓縣長，轉報七十五師二四五旅拘辦」處決
制裁地點	東山島親營鄉	東山島親營鄉	東山島親營鄉	東山島親營鄉
結果	死	死	死	死

類別	漢奸	漢奸	漢奸	漢奸
姓名	潘精印	王金山	吳松林	王念章
偽職及其活動	敵軍嚮導，供認不諱	偽蒲圻縣特務隊長	二十四年起，歷任敵特務人員，近協助偽軍辦理招撫事宜	偽懷遠縣稅局秦集聯保鎮查驗所所長
承辦區站組	漳州組	羊樓洞組	邢台組	壽縣組
制裁月日	8/27	8/28	9/3	9/8
制裁方法	「運用東山樓縣長，轉報七十五師二四五旅拘辦」處決	槍擊	槍決	處決
制裁地點	東山島親營鄉		邢台廖村	在懷遠秦集鎮捕獲，押解壽縣縣府辦理
結果	死	死	死	死

類別	漢奸	漢奸	漢奸	敵諜
姓名	朱殿材	王永魁（又名仲文）	劉墉	李錫根（韓人）
偽職及其活動	偽懷遠縣稅局秦集聯保鎮查驗所警士	滬敵軍司令部特工人員	為汪逆奔走者，有任滬偽警備司令活動	敵特務機關調查員
承辦區站組	壽縣組	上海區	上海區	河南站
制裁月日	9/8	9/8	9/8	9/9
制裁方法	處決	槍擊	槍擊	槍擊
制裁地點	在懷遠秦集鎮捕獲，押解壽縣縣府辦理	滬英租界四馬路	滬英租界四馬路	開封北順城街
結果	死	死	死	死
備考				同時死日人一、傷一

類別	敵諜	漢奸	漢奸	漢奸
姓名	田村豐崇（日人）	李如璋	余祥禎	龔銀堂
偽職及其活動	敵駐廈陸軍特務機關主任	偽滬市商會總幹事，係周逆邦俊之徒弟	偽杭市警務處偵緝科長，兼杭憲兵隊密探長，成立安清同盟會，自任會長	在漢川購棉資敵，推銷仇貨
承辦區站組	閩南站	上海區	金華組	湖北站
制裁月日	9/12	9/24	9/29	9/30
制裁方法	槍擊	槍擊	槍擊	槍擊
制裁地點	廈門民國路	滬福州路	杭州吳山路	漢川繫馬口
結果	死	死	死	傷

類別	漢奸	漢奸	漢奸	漢奸
姓名	曾雲程	周人傑	劉琨	江正源
偽職及其活動	偽人民自衛軍軍長，已組成三師	假名軍委會少將參議，在澳門作漢奸活動有據	軍校二期畢業，原係團體同志，現已附逆，任偽黃埔反共救國會委員	原為團體同志，投敵任偽新民會中央指導部委員，並組織偽黃埔軍校同學會，任總幹事
承辦區站組	信陽組	澳門站	北平區	北平區
制裁月日	9月	10/7	10/13	10/14
制裁方法	用反間法被敵漢口特務派人制裁	槍擊	槍擊	槍擊
制裁地點		中山縣緝私處	北平木安侯十八號	北平西城太平橋屯絹胡同十九號
結果	死	死	死	死

類別	漢奸	漢奸	漢奸	漢奸
姓名	王善慶	周文瑞	李鼎士	董明
偽職及其活動	偽漢陽蔡甸鎮水上警察局長兼維持會副會長	偽上海市財政局長	偽上海市工務局長，為敵主持經濟情報，破壞我金融	中華都市自動車會職員
承辦區站組	湖北站	上海區	上海區	上海區
制裁月日	10/7	10/14	10/14	10/14
制裁方法	槍擊	槍擊	槍擊	槍擊
制裁地點	蔡甸鎮後街	滬四馬路平望里妓女美娟家（誤斃一妓女小喬紅）	滬四馬路平望里妓女美娟家（誤斃一妓女小喬紅）	滬四馬路平望里妓女美娟家（誤斃一妓女小喬紅）
結果	死	傷	傷	傷
備考		行動員華炳榮右手被擊傷，但負傷安全歸隊	行動員華炳榮右手被擊傷，但負傷安全歸隊	行動員華炳榮右手被擊傷，但負傷安全歸隊

類別	敵諜	敵諜	漢奸	漢奸
姓名	池田正治（日人）	喜多昭次（日人）	周是全	程海濤
偽職及其活動	偽上海市府顧問	偽上海市府財政顧問	化裝商人，為敵刺探游擊隊軍情	近任法捕房政治部一等秘書，月領李士羣、丁默村津貼八百元，專任法方情報及聯絡工作，並偵察我中央駐滬人員，報由丁、李逮捕
承辦區站組	上海區	上海區	永修組	上海區
制裁月日	10/14	10/14	10/14	10/18
制裁方法	槍擊	槍擊	拿獲處決	槍擊
制裁地點	滬四馬路平望里妓女美娟家裡（誤斃一妓女小喬紅）	滬四馬路平望里妓女美娟家裡（誤斃一妓女小喬紅）	涂家埠	滬法租界貝勒路
結果	傷	傷	死	死

類別	漢奸	漢奸	漢奸	漢奸
姓名	李金標	余學堂	楊進海	羅志斌
偽職及其活動	偽上海市府顧問，近復投汪逆組和平運動促進委員會，自任委員長	偽懷寧第二區丁家鄉鄉長，為敵任情報工作	汪逆特工總部第八支隊隊長	滬西敵憲兵總翻譯
承辦區站組	上海區	安慶站	上海區	上海區
制裁月日	10/28	11/5	11/9	11/9
制裁方法	槍擊	槍擊	槍擊	槍擊
制裁地點		懷寧第二區	滬四馬路萬利酒樓	滬四馬路萬利酒樓
結果	重傷	死	死	死

類別	漢奸	敵諜	漢奸	漢奸
姓名	邵範九	土本貞遜（日人）	何君俠	張伯溪
偽職及其活動	汪逆中央特派員，誘捕三民主義青年團負責人及我方同志	敵駐懷遠特務班長	偽懷遠知事	偽懷遠警務處科員
承辦區站組	上海區	壽縣組	壽縣組	壽縣組
制裁月日	11/13			
制裁方法	槍擊	狙擊未中	捕獲後處決	捕獲後處決
制裁地點	滬法租界自來火街口	蚌埠西一里許蚌恒公路上	蚌埠西一里許蚌恒公路上	蚌埠西一里許蚌恒公路上
結果	死	何君俠等二人死	何君俠等三人死	何君俠等二人死

類別	漢奸	敵諜	漢奸	漢奸
姓名	孫伯詒	野田大郎（日人）	劉興周	王雨亭
偽職及其活動	偽懷遠出張所科員	敵軍少將，受命來漢視察	敵十四師團聯絡部長兼河南偽保安處長及開封警備司令	偽安陽縣署密探，刺探我同志姓名
承辦區站組	壽縣組	武漢區	河南站	安陽組
制裁月日		11/30	12/01	12/10
制裁方法	捕獲後處決	用毒	槍擊	誘獲處決
制裁地點	蚌埠西一里許蚌恒公路上	漢口中央飯店	開封相國寺前街	安陽崇義村
結果	何君俠等三人死	死	死	死

類別	漢奸	漢奸	漢奸	漢奸
姓名	吳木蘭（女）	高聾子	楊萬里	史才吾
偽職及其活動	偽蘇浙皖邊防軍總指揮，派人潛至蘇浙皖邊區收編土匪	在定遠、鳳陽兩縣交界處刺探我軍情	敵軍便衣偵探	九月間由漢口率日鮮妓女到信陽，住仁壽堂藥店，供敵利用，並常到正陽、明港等地刺探我軍情
承辦區站組	上海區	蚌埠組	信陽組	信陽組
制裁月日	12/22	12/24	12/23	12/11
制裁方法	槍擊	槍擊	捕獲處決	捕獲槍決
制裁地點	滬馬浪路華北公寓	鳳陽戴莊	信陽	明港
結果	死	死	死	死
備考				運用六十八軍獨立團拘捕

二、破壞工作

地區	上海	天津
目的物及所在地	虹口匯山碼頭四、五、六、三號機房	華界北馬路東首十四號鴻圖書局（偽新民會之宣傳機關）
承辦區站組	上海區	天津區
破壞經過	二月廿七日下午五時，運用工人乘放工之際，以硫磺、樟腦、松香、火油等分置木箱上，另置盤香一捲，點火後置於引火物旁，當於深晚十時半燃燒，十一時半熄滅	二月二十八日下午三時，各行動員暗攜發火劑三個，在該書局偽裝鬥毆機會，置入書堆內，四時起火，五時十分熄滅
敵方損失情形	計燒燬綢緞、洋布等共八十餘箱，牛皮四十餘箱，洋雜貨五十餘箱，人造絲四百餘箱	全部焚燬

地區	上海	綏遠
目的物及所在地	虹口崑山路一二零號日商棧房	平綏鐵路卓資山、紅沙壩、關村車站
承辦區站組	上海區	平綏區
破壞經過	四月六日晨四時左右竊入該棧，縱火延燒二小時	四月十七、十八、十九，三日，先後將上開三車站附近鐵軌破壞
敵方損失情形	計燒去米糧、汽油、日用品約值五千餘元	顛覆敵鋼甲車、貨車各一列，當日票車未通

地區	上海	上海
目的物及所在地	楊樹浦瑞鎔造船廠敵海軍運輸艦廬山丸	浦江定海橋大中華造船廠敵陸軍小汽艇十二艘
承辦區站組	上海區	上海區
破壞經過	運用日清公司漆匠工頭胡慶元，於四月二十九日將發火物擺入該艦各層中，當晚七時半起火，延至九時許後艙及客艙又起火，僅存一空鐵殼	運用工人於五月六日下午，將黃燐攜置各該艇內，復擦以汽油，當即起火
敵方損失情形	全部焚燬（該艦約值六十萬元）	計焚去九艘，內六艘全燬，三艘尚可修理

地區	上海	上海
目的物及所在地	滬東申新第六工廠	浦東公和祥碼頭二十五號棧房
承辦區站組	上海區	上海區
破壞經過	五月九日由各工友分別在滬東敵方之申新第五、第六兩廠，美華織造廠，康泰紗廠，恒豐紗廠，上海第四紗廠，中華紗廠，緯通紗廠，施行放火後，虹口滬東區即陷於恐慌緊張狀態，敵方大批海軍陸戰隊出動撲救，損失以申新六廠為重	五月九日策動碼頭工友予以焚燬
敵方損失情形	計焚去新申六廠清花間及清花車四部，各色布五萬餘疋，其餘各廠損失不大	計焚燬棉花五百餘包

地區	濟南	上海
目的物及所在地	濟南北大槐樹灣津浦路之軍用車	楊樹浦大康紗場
承辦區站組	濟南站	上海區
破壞經過	五月十二日夜十時在大槐樹灣津浦路灣道處埋下炸藥，至十一時軍用車經過爆發	五月十七日運用工人予以焚燬
敵方損失情形	燬車一輛、鋼軌兩節	燬去棉紗約值廿萬元

地區	杭州	上海
目的物及所在地	杭市近郊敵營繭廠及製種場	楊樹浦瑞鎔造船廠敵海軍運輸艦沅江丸
承辦區站組	杭州站	上海區
破壞經過	浙西行動隊派員於六月四日攜炸藥武器到達指定地點，五日佈置就緒，六日晚八時開始行動，至七日三時任務完畢	六月十日午該艦將駛離該廠，當經運用工友等於十日晨將引火物密置該船艙底及後艙中，該艦是日下午一時駛出，二時即在中途起火，延燒至三時半始熄
敵方損失情形	燬敵繭廠四、製種場一，損失達百萬餘元	計燬去二層以上之房艙數間及牲畜間

地區	上海	上海
目的物及所在地	浦東公和祥碼頭敵其昌B、C兩棧	楊樹浦大倫紗廠
承辦區站組	上海區	上海區
破壞經過	六月十七日下午四時，運用工人在該B、C兩棧內置放黃燐，於六時左右即先後燃燒，八時救熄	六月二十一日運用工人予以焚燬
敵方損失情形	計焚去敵棉花六百餘包，共值十五萬元左右	燬去棉花約值廿萬元

地區	上海	上海
目的物及所在地	楊樹浦敵海軍木板堆棧	松江橋敵中支派遣軍第十九號軍火庫
承辦區站組	上海區	上海區
破壞經過	六月二十一日運用工人予以焚燬	七七紀念日運用內線，投置燃燒物
敵方損失情形	燬去木板約值十萬餘元	計燬去敵存該庫軍需約值十萬元

地區	杭嘉公路	上海
目的物及所在地	嘉興至嘉善段七星車站附近第四十七號橋	浦東公和祥碼頭敵第十號倉庫
承辦區站組	乍浦組	上海區
破壞經過	八月十七日夜，由行動員予以焚燬	八月十八日運用碼頭工人縱火焚燬
敵方損失情形	該橋已全部焚燬	計毀去棉花、人造絲、麵及高級軍官行李八十餘件，連同房屋約值數萬元

地區	上海	蒲圻
目的物及所在地	楊樹浦敵運輸艦順丸	劉家舖橋
承辦區站組	上海區	湖北站
破壞經過	九月八日運用內線在該艦發貨艙及大菜間設置引火物，當日午後起火燃燒	九月二十日由特種工作大隊第一隊（簡稱工一隊）予以爆破
敵方損失情形	計焚去敵方擬運往青島之小麥二千餘包，約值二萬元	該橋全燬

地區	上海	上海
目的物及所在地	吳淞口敵運輸艦南通丸	浦東公和祥碼頭敵其昌十一號棧房
承辦區站組	上海區	上海區
破壞經過	九月二十五日，經運用內線於該艦前後艙底放置引火物，該艦於二十六日開往通州裝運貨物，返滬駛吳淞時，起火燃燒	九月廿五日夜運用工人投置引火物，至廿六日六時左右起火
敵方損失情形	計燬去乾繭、棉花等貨物及軍郵五十餘袋	該棧房全部焚燬，並燒燬棉花一百五十餘包、軍用麥六百袋，共約十萬餘元

地區	蒲圻	蒲圻
目的物及所在地	距蒲圻城十華里之暖塘橋（長七公尺，係鐵板、水泥構成）	離蒲圻五華里孟龍山之田姓小橋（長五公尺）
承辦區站組	湖北站	湖北站
破壞經過	九月二十七日由工一隊破壞	九月二十七日由工一隊破壞
敵方損失情形	橋樑被燬落水，橋墩震壞，鐵軌成弓形	該橋全燬

地區	上海	平湖
目的物及所在地	浦東敵海軍造船廠造成之汽艇（該廠即前老公茂船廠）	平湖西九華里處乍嘉公路之洋橋一座
承辦區站組	上海區	乍浦組
破壞經過	十月二日運用工人在造成之各汽艇中投置引火物，當夜起火，焚燬達四小時	十月七日晚運用行動員予以焚燬
敵方損失情形	計燬壞汽艇十一艘，及木匠、漆匠間等數處，共約損失五萬餘元	全部焚燬

地區	上海	嘉善
目的物及所在地	滬西光復路敵東華紡織株式會社（即前鼎鑫紗廠）	嘉善西門外四里杭善公路第五十一號洋橋
承辦區站組	上海區	乍浦組
破壞經過	十月七日晨一時，運用工人置放黃燐，四時許起火，至七時熄滅	十月七日由行動員予以焚燬
敵方損失情形	計燬去白洋布二百包，每包八十匹，約值十六萬元，棉花五十包	該橋全燬

地區	平湖	漢川
目的物及所在地	離平湖九華里處乍善公路之三星大橋（長五十公尺，為該路二大洋橋之一）	繫馬口晏合記花莊
承辦區站組	乍浦組	湖北站
破壞經過	十月七日晚十一時，由行動員予以焚燬，燃燒達三小時	由工二隊於十月十五日予以焚燬
敵方損失情形	該橋全部焚燬	計燬棉花大包四百餘包、散花六倉、軋花機二十座、汽油發動機一架、打包機三架

地區	蒲圻	上海
目的物及所在地	距趙李橋站二公里之皇華橋	通州路敵上海停車場軍用汽車
承辦區站組	湖北站	上海區
破壞經過	由特種工作隊於十月二十七日予以破壞	十一月六日晚，乘敵停有卡車五十餘輛，即飭員攜帶大量燃燒物品，潛入該場妥貼布置後，至十時半即爆發起火，至七日晨尚有餘燼未熄
敵方損失情形	該橋有鋼骨水泥橋墩四個，已燬其半	計燬卡車三十餘輛，均係載重七噸之大蒙天牌軍用車，每輛時價兩萬餘元，綜計損失達七十餘萬元

地區	上海	蒲圻
目的物及所在地	停虹口招商華棧敵海洋兼長江運輸艦音戶丸	蒲圻站與中伙鋪間之萬壽橋（長約八公尺，係鋼骨水泥築成）
承辦區站組	上海區	湖北站
破壞經過	十一月十日下午二時許運用內線將燃燒物品潛置該艦前後各艙底，延至下午七時即行爆發	工一隊員派員於十一月十四日予以破壞
敵方損失情形	計焚燬軍用罐頭食品一百四十餘箱，帆布一百餘梱，棉紗四百餘包	該橋完全炸燬

地區	武穴	廣州
目的物及所在地	崔家橋敵偽臨時貿易所	葫蘆以西八華里打字基鐵橋（為廣三鐵路重要橋樑）
承辦區站組	武穴組	廣州站
破壞經過	敵嗾使維持會人員，大量收買物資，在崔家橋搭蓋茅屋廿餘間，作為臨時貿易所，經於十一月十五日夜予以焚燬	十一月十九日將炸藥埋於該橋中央，二十一日點火爆破
敵方損失情形	焚燬茅屋廿餘間，及偽日支絨麻工會購存之棉花六千八百於斤（其他貨物不詳）	炸燬橋身一丈餘

地區	武穴	武穴
目的物及所在地	江家村至郭金盤村之一段敵軍用電話線（約三里）	武穴至官橋間湖下正面之敵軍用電話線
承辦區站組	武穴組	武穴組
破壞經過	十一月六日予以破壞	十二月三日予以破壞
敵方損失情形	上述地點之敵軍用電話線完全破壞，鋸斷電桿廿六根，電線同時剪斷	上述地點之敵軍用電話線剪斷

地區	信陽	蒲圻
目的物及所在地	信陽附近平漢鐵路	蒲圻城北四里之魏家山嘴陸水亭鐵橋
承辦區站組	信陽組	湖北站
破壞經過	十二月十三日夜由該組行動隊與第一四三師合作破壞	十二月十三日工一隊予以破壞
敵方損失情形	破壞鐵道十九公尺	橋身全部炸裂，二、三兩橋墩均已炸坍，並飛石將看守蒲圻城外大鐵橋之敵兵一名擊斃

地區	信陽
目的物及所在地	信南公路和孝營至雙溝一段橋樑電桿
承辦區站組	信陽組
破壞經過	十二月十八日行動隊實施破壞
敵方損失情形	一、本橋二座連橋墩完全挖去 二、石橋一座毀其橋面 三、砍斷電桿二十六株，剪獲電線六十餘斤

三、襲擊工作

目標　襲擊金門島敵軍

承辦區站組　泉州組

準備

　　該組以八十軍情報處名義，於三、四月間募得熱血青年行動員四十餘人，並向閩南區自衛團司令部借駁殼槍三十二枝、步槍十枝、手榴彈八十枚，並配備子彈，準備於大霧中乘潮進襲。

經過

　　四月十九日晚，行動員四十八名、水手十六名，集合於泉州石井，由王明來、陳大元兩同志統率四大船出發。迄二十一晨三時到達金門島，由青嶼灣分三隊上陸。第一、二隊以官澳紅色洋樓敵隊部為襲擊目標，在其附近先擊斃敵軍一名，同時各隊員以手榴彈及步機槍向洋樓攻擊，共計中十一彈，當予敵重大損失，敵兵亦從樓窗以步槍還擊，屢欲衝出，終被我擊退，第三隊潛至城角仔敵兵房破門衝入，殲敵兵六名，復衝入其第二營房擊斃衛兵一名、炮兵七名，復用手榴彈破壞敵炮多尊。

結果

　　搗毀城角仔敵砲台（損失不詳），擊斃敵佐世保第二特別陸戰隊大西部第二中隊第四分隊士兵多名，及官澳洋樓內敵（死傷情形不詳），奪獲輕機關槍兩架、三八步槍十六枝、鋼盔、敵旗、日記簿等多件。

備考

行動員鄭良因受傷不能同返，即在該島上化裝行乞，嗣於五月十六日被捕，不久即被處死。

目標　襲擊寶山楊行敵軍營房

承辦區站組　上海區

準備

六月十日由行二組長陳默同志等，運用江灣人民自衛團撥派三個中隊，分配成縱火、掩護、行動、交通、破壞、通訊等五小隊。

經過

乘夜色向敵寶山楊行鎮東首營房施行放火，並襲擊敵兵。

結果

焚毀敵營房三百十餘間、軍用卡車二輛、戰馬五十匹，並擊斃敵援軍廿餘名，消耗敵軍彈藥萬餘發，我無損失。

目標　破壞白雲山敵高射砲並毒斃敵兵

承辦區站組　廣州站

準備

第二組組員李旺報稱，白雲山頂駐敵海軍陸戰隊一一五聯隊近田所部二百人，裝有高射砲一尊、高射機關槍二挺，當運用該聯隊伙夫進行破壞高射砲及高射機關槍，並同時進行毒殺敵兵，事先並派員赴港購買原硝酸一磅及毒藥半瓶，交該伙夫備用。

經過

　　伙夫李昌德於八月十一日上午十一時將毒藥冲入該聯隊敵兵飯內和煮，並將原硝酸一磅分灌高射砲及高射機關槍之筒內，然後下山脫逃（原硝酸灌入槍筒，可使發射時爆炸）。

結果

　　中毒斃命者十九人，餘中毒較輕者十餘人，運往燕塘軍校臨時醫院醫治。

目標　襲擊偽廣州維持會

承辦區站組　廣州站

準備

　　廣州偽治安維持委員會自十月十二日起至二十二日止舉行廣東更生週年紀念，進行大規模之宣傳，當派行動員楊升等，於十月十四日攜手榴彈前往文德路該偽會附近候機投彈，並派劉祖、黃濤二人從旁瞭望。

經過

　　十月十四日正午十二時，楊見有三十餘人由該偽會出門，即將手榴彈投擲，當場炸斃漢奸多人，敵軍立即施行全市戒嚴。

結果

　　一、死民政處書記潘瞻洛及傳達何金。

　　二、傷復興處科員四人及衛兵等十二人。

　　三、敵偽於當晚令附近商店小販一律遷移，並搜捕
　　　　壯丁十餘人，又在該偽會門口趕築防禦工事。

目標　襲擊湖北羊樓洞偽維持會

承辦區站組　　湖北站

準備

　　該偽會會長游睦伯、副會長雷鈞五、財務長游燊如、外交長邱建平等，勾結敵人，暴斂橫徵，殺害民眾，無惡不作，經由湖北特種工作第一隊隊長徐榮庭於十二月廿五日率隊員四人往羊樓洞，並以隊員二人先潛伏市內為內線，進行制裁。

經過

　　十二月廿五日徐榮庭同志率隊員等直入偽會內，詎該奸等均不在會，惟見被拘留之民眾十餘人，正在受刑拷打，當將看守一名擊斃後，並將民眾進行釋放。因鳴槍驚動敵偽哨兵，嚴加盤查，又乘機將該哨兵一名擊斃。彼時山上敵兵，以步機槍掃射，行動員當即引退，除一人受傷外，餘均安全返隊。

結果

　　擊斃偽看守、哨兵各一名，獲步槍一枝，子彈四粒，並救出受刑拷打之民眾十餘人，但未達預期之目的。

備考

　　行動員田焱卿頭部為流彈擊傷。

四、軍運工作

部隊名稱及番號	河北剿共聯軍	偽皇協軍第九支隊	偽皇協軍第十支隊
主官	廉陞久	魏阮安	劉岳忠
實力 兵員	八千八百餘人	五千餘人	
實力 武器	槍八百餘支	槍三千餘隻	
駐地	河北涿良、房固一帶	河北昌平	
承辦區站組	天津站	天津站	
策動經過	經該站軍事工作員王守興聯絡，曾轉呈鈞座賜電鹿總司令收編，嗣由該員會同鹿總司令駐津代表徐匯東派員點驗	由該站王守興聯絡，於去年年底反正，經呈准鈞座轉電鹿總司令收編，並給名義、給養等因，遵於四月八日由王守興陪同鹿總司令代表前往昌平一帶點驗收編為冀察特區第九支隊	
備考		經點編後迭與敵軍作戰，傷亡甚多，現僅有士兵七百餘名，步機槍七百三十餘支	

部隊名稱及番號	偽蒙軍第一師第二團騎兵連及機槍連	偽江浙綏靖第二軍綏靖軍	偽蚌埠綏靖軍
主官	楊興華	龔國樑	沈席儒
實力 兵員	二連	七千餘人	一千餘人
實力 武器		槍三千五百餘支	槍千餘支
駐地	包頭東石拐子村	嘉興、常州、蘇州及太湖邊區一帶	蚌埠東二營房
承辦區站組	綏遠站	上海區	蚌埠組
策動經過	經該站工作員班靖遠（現任該師參謀長）策動，於二月八日反正，投入騎兵第五師慕興亞部	經該區派員聯絡後，已接受我方人員參加工作，俟機反正	經該組軍事工作員史岳五聯絡，尚在接洽中

部隊名稱及番號	游擊隊	游擊隊
主官	張棟臣	鄭恩普
實力 兵員	四千八百五十人 （馬七百五十匹）	一千六百餘
實力 武器	步槍三千七百五十隻 短槍九百支	步槍三百十七支 馬槍二百支
駐地	魯西四、六兩區	昌平
承辦區站組	天津站	
策動經過	原由天津站指揮，曾呈准鈞座賜電鹿、于兩總司令查明收編，並核給名義、給養在案	

部隊名稱及番號	游擊隊	游擊隊
主官	楊子榮	張亮
實力 兵員	一千五百人	六百人
實力 武器		
駐地	山西陽高、天鎮一帶	綏省畢素齊車
承辦區站組	平綏區	
策動經過	經該區運用安清幫關係，不斷予敵打擊，已轉呈鈞座賜電傳司令長官派員分別點驗，並核給名義、給養在案	

部隊名稱及番號	偽蒙古軍總司令部	偽蒙古軍第一師	偽蒙古軍第二師	偽蒙古軍第三師
主官	李守信	郭秀珠	陳生	王振華
實力 兵員		一千二百人	一千人	一千二百人
實力 武器				
駐地	歸綏	包頭、麻池	歸綏	平地泉
承辦區站組	平綏區			
策動經過	本局策動偽蒙軍反正工作經過詳情，迭呈鈞座核示辦理在卷，七月間由第八戰區傅副司令長官，以長官部名義繕就李守信、德王等部軍師長委任狀八張，交本局工作人員馬漢三秘密帶往頒發，以堅其信念。十一月中，傅副長官將奉頒德王、李守信等委狀，並撥款三萬元，交馬漢三攜綏備用，馬已於十二月初抵綏垣，刻正在策動各該部待機反正中。			

部隊名稱及番號	偽蒙古軍第四師	偽蒙古軍第五師	偽蒙古軍第六師	偽蒙古軍第七師
主官	包海明	尹紹光	烏雲飛	達密凌蘇龍
實力 兵員	一千二百人	一千二百人	一千人	一千人
實力 武器				
駐地	包頭、大樹灣	土木爾台	武川	德化
承辦區站組	平綏區			
策動經過	本局策動偽蒙軍反正工作經過詳情，迭呈鈞座核示辦理在卷，七月間由第八戰區傅副司令長官，以長官部名義繕就李守信、德王等部軍師長委任狀八張，交本局工作人員馬漢三秘密帶往頒發，以堅其信念。十一月中，傅副長官將奉頒德王、李守信等委狀，並撥款三萬元，交馬漢三攜綏備用，馬已於十二月初抵綏垣，刻正在策動各該部待機反正中。			

部隊名稱及番號	偽蒙古軍第八師	偽蒙古軍砲兵大隊	偽蒙古軍憲兵大隊
主官	扎青扎布	克斯巴根	吳鶴齡
實力 兵員	一千二百人	五百人	五百人
實力 武器			
駐地	固陽	歸綏	歸綏
承辦區站組	平綏區		
策動經過	本局策動偽蒙軍反正工作經過詳情，迭呈鈞座核示辦理在卷，七月間由第八戰區傅副司令長官，以長官部名義繕就李守信、德王等部軍師長委任狀八張，交本局工作人員馬漢三秘密帶往頒發，以堅其信念。十一月中，傅副長官將奉頒德王、李守信等委狀，並撥款三萬元，交馬漢三攜綏備用，馬已於十二月初抵綏垣，刻正在策動各該部待機反正中。		

部隊名稱及番號	偽西北邊防自治軍第一師	偽西北邊防自治軍第二師
主官	高振興	李兆興
實力 兵員	共一千七百餘人	
實力 武器	槍一千七百餘支	
駐地	綏遠省固陽附近	
承辦區站組	平綏區	
策動經過	自二十七年四月間起，該區先後派人聯絡，至本年五月間僅餘一、三兩師，槍馬齊全。經李兆興部參謀長史宜亭（本局派往參加工作者）接洽策動，經呈准鈞座轉令傅副長官派員收編。該部遂於八月十日反正，襲擊包頭敵偽駐軍。當經傅副長官委高振興為游擊第一師長，李兆興為游擊第三師長，暫歸游擊軍司令馬秉仁指揮，高、李於八月廿日赴五原，謁傅副長官，曾受各界之熱烈歡迎。	
備考	該自治軍總指揮為于光謙	

部隊名稱及番號	膠東民團	游擊隊	河北唐縣游擊隊
主官	韓炳臣	孔耀庭	石振聲
實力 兵員	四千餘	二千七百五十人	二千餘人
實力 武器	步槍四千餘支 鋼砲六門 機槍八挺	槍二千餘隻	步槍二千餘支 機槍三十餘挺 盒子槍三十餘支
駐地	山東即墨	嘉魚、蒲圻及湘贛邊區一帶	唐縣東楊莊一帶
承辦區站組	平綏區	湖北站	平綏區
策動經過	經該區李希孟運用天主教堂教友關係，派濟南教友郭筆山聯絡，曾轉呈鈞座賜電沈主席或于總司令接洽收編，並核給名義、給養在案，唯韓某以知識缺乏，及環境惡劣，現尚無反正決心	經轉呈鈞座賜電第九戰區薛司令長官派員點驗收編	經由該區李廣和運用范學淹神父接洽，現正積極策動中

部隊名稱及番號		偽皇協軍獨立團	偽安臨警備司令	偽復興軍
主官		李俊傑	王自全	郎擎天
實力	兵員	一千一百人	二千人	二千餘人
	武器	一千一百餘支	步槍一千七百餘支 輕機槍十六挺 重機槍四挺 迫擊砲二門 手槍一百五十支	步槍二千餘支 重機槍十二挺 步砲四門
駐地		平漢路保定、石家莊一帶	河南安陽、臨漳	博羅、東莞、增城、番禺、寶安
承辦區站組		平綏區	河南站	澳門站
策動經過		經由該區李廣和運用范學淹神父接洽，允於該部對平漢路破壞有重大成績時，即呈請予以名義，刻正在策動中	該站派李振華策動該部反正，並呈准鈞座轉電衛司令長官給以名義與經費，現正接洽中	郎屢表示不作漢奸，待機予敵打擊，現月支我人津貼五百元，並容納我中央人員參加工作
備考				敵南支軍參謀太平秀雄聯絡前余漢謀德顧問安美明在粵編組偽復興軍兩師，以安為顧問，郎即安所保薦

部隊名稱及番號	偽貴池警察大隊	偽豫北勦匪軍
主官	黃忠孝	劉振清
實力 兵員	一百五十餘人	一千餘人
實力 武器	槍一百四十餘支	一千餘
駐地	貴池烏沙峽及一區舞鸞鄉	河南輝縣、百泉
承辦區站組	安慶站	徐靖遠
策動經過	經該站運用內線策動偽部相機反正，經指示須有顯著功績，以表示決心為條件	本年春由本局派沈健軍、史乃賓率基本工作人員二十一人負責進行，又派石磬運用槍會力量以增助力，並派宗海樓參加工作，拉攏該偽總部特務隊長郭鳳歧、參謀王逸仙等。嗣偵悉敵人於八月二十七日派少佐笹路太郎赴該偽部檢閱，即決定於是日晨二時開始行動，由沈健軍率同工作人員，配合民團一隊為突擊隊，史乃賓率二百餘人包圍偽總司令部，並對距輝縣城五里與高莊之敵嚴行警戒。當即衝入偽總部，將劉振清以下擊斃十餘名，俘獲秘書長指導官以下四十七名，同時郭鳳歧率部反正，掃蕩該地各偽組織。經石磬整編，與郭鳳歧反正部隊共三百餘人，統交史乃賓訓練，並負與新五軍及輝縣府切取聯絡之責。
備考		一、給養由輝縣府令地方籌措 二、人犯奉令交新五軍轉解

五、司法案件

　　本年淪陷區及戰區之特種案件，均致力於行動方面，加以交通不便，外勤各區站組所檢舉之特種案件，經本局指示偵察及詳加審核後，仍多飭令設法運用當地公開名義，移送軍法機關依法審辦。綜計一年來各該軍法機關受理此項案件，其詳予偵訊者固多，但有時因與本局各區站組在工作上不能發生直接關係，案情不無隔閡，故未能盡偵審之能事。又如貪污不法案件，經本局檢舉，報請鈞座轉飭主管機關訊辦者，各該主管長官，多以查無其事，查無實據，呈復鈞座，致所檢舉案件，難得完滿結果，此特工組織未健全，權力未確定之缺憾也。茲將一年來比較重要案件，經由本局司法處理者，列表如次，其已專案呈報及事涉瑣細者，概從省略。

類別	漢奸	漢奸嫌疑
姓名	田玉安	何福麟
案由	該犯與台奸謝旺發及謝之姘婦徐七姑時相過從，並據密報，有將中航機每日乘客名單抄送敵方，藉獲津貼情事	何為國府主計處歲計局科長，據報彼係王逆克敏之舊部，平日將款匯滬，並將其南京產業契據拍照寄往南京，向偽組織登記，於一月三十日率眷離渝赴筑
承辦區站組	前渝行營三科	貴州站
日期	1/6	2/1
處理經過	由中航公司拘捕，解送重慶行營三課，轉解到局，經鞫訊矢口否認有上項情事，當電港方及原告人偵詢，未獲確證，但其既與台奸夫婦來往，抗戰期間未便開釋，現監禁中	在貴陽拘獲，供訊： （一）最近三月內，曾先後匯滬五千元，係備家屬二、三年後之用 （二）南京房產恐被敵拆毀，故以其子名義託人向偽組織登記，惟登記證及照片均不在身邊 （三）與王克敏雖舊識，但無來往等語，經簽奉鈞座批示「依法審判可也」等因，遵即電飭貴州站解交息烽收禁訊辦
備考		何眷一行八人均予扣押，並一併解息烽另覓房屋安置

類別	漢奸	漢奸
姓名	劉雨齋	李玉如　鄧陳氏　朱靜安 戴厚卿　陳毓儒　范張氏 徐淑瓊　顏天化　張禮宣
案由	據報該犯有漢奸嫌疑，自渝逃筑，設牙科醫院為掩護，舉止闊綽，行賄公務員，保釋楊訪巖	徐、顏、張係原告密人，以李等六人在四川榮縣藉神斂財、宣傳帝制，有漢奸嫌疑
承辦區站組	貴州站	重慶特別區
日期	2/5	3/14
處理經過	捕訊時，否認有漢奸行為，曾認為楊訪巖向黔保安處傅處長行賄五千元，傅未受，本人得楊款四萬元等語。經飭移送黔綏署訊辦，行賄部份處有期徒刑二年，漢奸部份在偵訊中。	由前渝行營三課及渝特區訊審數次，並將徐等傳案對質，以李等無漢奸證據，徐等有挾嫌誣控情形，乃一併扣押，經飭將一干人犯轉解軍法執行總監部訊辦

類別	漢奸	漢奸
姓名	伍訪魏	賈有慶　趙永魁 楊更五　馬大個
案由	二十七年曾由平津經港、桂返筑，生活闊綽，來往人雜，有漢奸嫌疑	領敵巨數偽鈔，來鄭州一帶行使，並密組妙道會吸收愚民，圖謀不軌
承辦區站組	貴州站	河南諜報股
日期	2/4	2/15
處理經過	捕訊時，否認有漢奸行為，但在其住宅搜出偽滿皇帝即位宣傳名片，及日旗信封，與前清委令文件，及偽鈔烟土等，經飭送交貴州省保安處訊辦	馬大個與本案無關，當予保釋，其餘三名，檢齊供證，併解第一戰區長官司令部訊辦

類別	漢奸	貪污
姓名	左祥棟	夏德馨　蔣利生　全陸儀
案由	該犯在鄂之恩施龍鳳鎮自稱行醫，而行跡可疑，且常與士兵往來，並藏有符號、差假證及證章等件	夏為航委會無線電訊隊事務員，為公家購物時，向商店得到九折回扣八百十一元，並有幫同長官偽造報銷情事。 蔣為航委會電信隊通信兵，曾代本案內未獲人犯周駕山、夏光中二人私運電器材料。 全為航委會無線電台機務員，曾與夏德馨同赴溫州辦電器材料，有與夏朋分九折回扣八百十一元之嫌。
承辦區站組	本局	重慶特別區
日期	3/7	3/15
處理經過	由駐恩施第二十補充兵訓練處政治部捕獲，遞解到局，鞫訊稱原在鄂省立醫院藥庫充班長，被裁，在恩施行醫賣藥維生，藥係在原醫院偷得，又符號、證章等乃借用。以所供欠翔實，函送軍法總監部訊辦。	重慶郵檢所檢獲成都馬伯樂寄重慶青年會李粲轉夏德馨航快一件，內容有貪污情事，乃由渝區運用市警局偵緝隊在米亭子廿七號將夏、蔣、全三人及張凌仙、周文貴、韓信卓、李粲先後拘捕，並在夏寓抄獲國幣七百元、手槍兩枝，及商店空白單據印章等，連同馬伯樂致夏德馨原函送請核辦。經派員訊得夏、蔣、全三人犯罪事實。
處理經過		並悉尚未拘案之周駕山有利用職位經營同樣事務，另有夏尚忠一名化名馬伯樂。經以本案所有人犯，均為航委會職員，因全案移交航委會訊辦。

類別	貪污	漢奸
姓名	李耀珊　王世傑　黃俊卿	蘇爾慈　李忠宇　梁春山 梁邦忠　蒯鳴皋
案由	李耀珊在漢口特業公會常委時，擅挪救國公債二十七萬元，且經營救國公債五十萬元有侵蝕之嫌。禁烟督察處秘書主任王世傑，假遣散難民為名，提用二萬元，總公棧經理黃俊卿亦索借一千元。	在江北拘獲販賣敵機投下新月牌香烟，李忠宇經盤詰復獲漢奸嫌疑犯蘇爾慈等，並搜獲收音機等件
承辦區站組	禁菸密查組	渝警局
日期	1/30	5/8
處理經過	訊查李擅挪救國捐，無單據可憑，經管之救國公債，有四十萬三千元債票無著落，且各項息金又未列收，而王世傑之二萬元借款，經徹查時始行交還，當經飭該組呈財部核辦	訊據李供受梁津貼，代調查敵機炸後情形，梁係受蒯指使為漢奸，又梁子邦忠稱其父受蘇賄，以筷示敵機轟炸目標。蘇稱丹麥籍，來渝已八年，現充寬仁醫院司機，母雖日人，無間諜行為，與二梁素不相識。蒯則謂梁私設烟館。至驗收音機，僅收音不能發報等情。遂將本案犯證，由警局解渝衛戍總部訊辦。

類別	漢奸	漢奸
姓名	徐靄齡　徐餘松　鄧益華 蕭新齋　蕭明貴　劉雪瓊 劉無煌　楊竹秋　王澤民	胡顏福、湯元林等廿五名
案由	有運送大批桐油、棉花前往資敵等情	曾受敵方訓練，在浙、贛一帶刺探軍情
承辦區站組	黔陽郵檢所	上饒組
日期	5/25	5/26
處理經過	報請賀主任電飭湘省府，轉飭第七保安司令部在洪江將徐等捕獲，解送芷江憲兵司令部，轉解軍法執行總監部訊辦，經該部簽奉軍委會批准，移送重慶地方法院訊辦	飭由該組將該犯並所獲供證併解第三戰區司令部訊辦

類別	漢奸	漢奸
姓名	林敦叔　賴鴻西　全子聰 湯幹庭　江月攀	黃河清　賈建章　黃建昌 黃福昌　李國榮　唐德義 黃光昭　劉志仁　張福成 陳慶高　梁競衡　馮玉華 李玉清　蒙秉光　羅春華
案由	林等與印籍醫生約集黨羽，在廣東赤坎西營組織機關，主持擾亂南路，並危及廣州灣治安，經廣州灣當局捕解粵七區專署轉解桂林行營交諜報組偵訊	受敵偽主使，在柳州暗設製印偽鈔機關，擾亂我金融
承辦區 站組	桂林行營諜報組	柳州組
日期	6/1	7/3
處理 經過	訊供否認，經詳示研究中	運用縣政府按址拿獲訊辦，其主犯黃河清、賈建章已由縣府呈准綏署執行槍決（九、二六），其餘在徹訊中

類別	漢奸	漢奸
姓名	方梅生	盧驥　羅少重
案由	奉敵命來長沙活動，並招引難民回岳州凡三次	企圖將廣東巨匪陳潮、李渠兩部向敵接洽收編
承辦區 站組	湖南站	廣州站
日期	7/4	7/4
處理 經過	解送第三戰區長官司令部核辦，判處該犯監禁至抗戰終止後開釋，交由常寧縣政府執行	在深圳捕獲後，經電請李主席飭深圳警局訊明處決，嗣因敵進犯深圳，致被脫逃，聞已返港，已電港、粵注意矣

類別	貪污	漢奸
姓名	李銀安　戴紀群　羅培江 趙恩溥　羅萬德	莊瑞柳
案由	七月八日夥同闖入朝天驛馮萬鈞、彭順清家，冒稱檢查毒物，搜去法幣三百二十五元	銜敵命來泉州，企圖收買軍民及地方團隊
承辦區站組	渝衛戍總部稽查處	閩南站
日期	7/10	8/6
處理經過	由稽查處會同警局，先後拘獲李銀安、戴紀群、羅萬德三人，餘二人在逃，經訊供李、羅冒名搜鈔不諱，但戴紀群不在場，當飭將李、羅呈解衛戍總部究辦	運用當地駐軍在泉州捕獲訊究

類別	漢奸	漢奸
姓名	傅子京	蔡國卿
案由	前充湘省府機要科長時，因盜賣地圖被捕，後逃匿居桃源，勾結失意軍人，密圖搗亂	漢口偽特務機關所派，匿居宜昌二道巷偵察我軍情
承辦區站組	湖南站	湖北站
日期	8/18	8/24
處理經過	在桃源密捕解送常德警備司令部訊辦	在宜昌將其拘捕，經訊供認領敵方津貼，惟否認參加漢奸工作，尚在繼續偵訊中

類別	漢奸	漢奸
姓名	汪良臣　張靜軒	官昌元　華秉琦　官家璋 金子久　周璋輝
案由	由漢來宜昌、萬縣、重慶一帶，鼓動流亡各地黨羽回漢工作	官昌元受敵命由粵來韶，收買華秉琦等，刺探粵北軍政情形，並煽動曲江警察回粵
承辦區站組	渝衛戍總部稽查處	粵北站
日期	9/6	10/5
處理經過	在重慶捕獲後，經該處訊明汪良臣犯罪嫌疑不足，請予保釋，經令復繼續偵訊中	除官昌元已就地槍決外，餘四人分別請第四戰區長官司令部暨省府李主席訊究

類別	漢奸	漢奸
姓名	黃百戈	胡占奎
案由	受敵主使，以血魂團名義在漳州招搖	任武漢敵憲兵部稽查，以販賣貨物為掩護往來宜昌、沙市
承辦區站組	閩南站	湖北站
日期	10/10	10/18
處理經過	運用當地駐軍在漳州捕獲，經七五師訊明判處徒刑五年	在宜昌拘捕，經訊供曾向敵憲兵領津貼，但否認充任稽查，及有漢奸行為，當指示偵察辦理中

類別	漢奸	漢奸
姓名	克潤僧（即李澤民）	陸良治　李揚芬　龐雨田　袁惟允　張拯　謝同〔桐〕林　王棟樑
案由	在宜昌與駐宜軍官時相過從，且常往來南北各省，近知將去漢，乃在宜昌拘訊	陸良治、李揚芬、龐雨田、袁惟允等，勾結航委會六二站職員張拯、謝桐林、王棟樑，企圖盜賣飛機汽油
承辦區站組	湖北站	成都站
日期	10/22	11/1
處理經過	訊據供將返漢轉皖至蘇，其壻宜慎庸現任職偽臨時政府，與江朝宗友善，當指示繼續偵訊中	該站會同航委會組織科設計私購汽油，並運用綏署稽查處會同航委會軍法科，在成都將人贓拿獲，交由航委會訊辦中

類別	漢奸
姓名	林傑夫　李振華　王志英　陳紹宗　虞德龍　張阿昭　張金鳳　金月華　樓賽珍
案由	受敵津貼，潛伏溫州、青田、麗水等地刺探軍政情形
承辦區站組	溫州站
日期	11/15
處理經過	運用當地第八區保安司令部分別密捕訊辦，並追究餘黨

六、監獄看守所概況

（一）監獄

遷移之經過

本局監獄係於去年由湖南益陽遷至貴州之息烽，近以敵機到處肆虐，該監適臨公路，目標暴露，難免意外，乃於本年十一月間，覓定相距縣城十餘里之陽郎伯劉家，將全部人犯移禁該處。劉家原係舊日苗人所居，房屋寬大，深處山林，頗能適用，惟因該屋年久失修，且四週圍牆低矮，戒護難周，故事前經僱工修葺，加高圍牆，以期周密。

安全之準備

1. 就監後原有之苗洞，建築防空壕，以備空襲時人犯避難之用。
2. 在監獄後山，特建碉堡一座，派警衛日夜守望，以資防範。

衛生之設備

1. 特闢小型操場一所，供人犯散步及運動之用。
2. 監獄人犯之日常生活、飲食、服裝、被蓋等，力求清潔，每一禁室中，除由各人犯輪流負責整理不時檢查外，其餘人犯之沐浴、理髮、洗衣，均有定時，並派員監視各犯，挨次散步，俾有調節精神與運動之機會。監內並設有醫務所，人犯患病，即予治療，如有傳染性者，即予隔離，使無傳染之虞。

管理與訓誨

本局監獄對人犯生活之管理，除取軍事化外，並設有圖書室，購置多量書籍（如領袖言行、總理遺教、曾文正公全集，以及各種修養書籍），視人犯之思想學識，令其閱讀，並由監獄長不時予以訓話，務使各犯得精神與思想之薰陶，一反其過去之謬誤行為，改過遷善。人犯中有特殊技能，或專門學術與特工經驗者，更設法使其繼續研究與擔任編譯，並按月發給相當之薪水，以濟其家庭之需，一年以來頗具成效。

（二）看守所

本局自遷渝後，原無看守所之設，所有修養人犯，均寄押於前行營三課看守所，旋行營結束，改押重慶衛戍總司令部稽查處。但本局人犯，大都有特殊之情形，雖與稽查處人犯隔離看管，殊有種種不便，為求管理嚴密起見，不得不自行籌設，於四月間，覓得郊外李子林地方一民房，暫作權宜之計。嗣以該處位於兩公路之中，行人絡繹，仍覺不妥，乃於十月間復覓定郊外白氏墓廬一所為所址，全部遷移。該處房屋，位於歌樂山麓，為一兩層之新式建築，四週圍牆亦甚堅固，更有院落，足供人犯散步之用，且附近居民稀少，地方僻靜，安全與適用兩者兼備，其內部管理與一切設施，均與監獄無異。

（三）現有人犯

監獄與看守所之修養人犯，每月均有禁釋，隨時登記人犯總冊，一年來每月平均在二百名左右，截至本年十二月底止，收押人數為二百二十七名。

七、特務隊之改編及兵員、武器、裝備暨勤務分配概況

　　特務隊依本局暫行組織大綱之規定，雖屬於第三處，但在工作上之運用而言，實具有其獨立性質，除因平日擔任各項警衛之責外，並負有其他之特殊任務也。本局因鑒於原有力量不足以適應戰時之需要，乃決定擴編組織，經於九月間由內政部警察總隊及該隊所轄之特務隊內，挑選警士共二百名，分期實施訓練後，擴編為三個區及一直屬分隊，為本局警衛之用，餉項由該總隊開支，由本局酌予津貼。十一月間，又將派駐息烽（楊）及修文（張）擔任特種警衛之部隊，撥歸特務隊統一指揮，並負責考核與督導。施行以來，日見健強與靈活，茲將該隊現有武器及勤務分配列表如次。

特務隊各類槍彈統計表

	毛瑟	白郎林	三號左輪	二號左輪
槍（枝）	47	4	33	34
彈（發）		1,700	1,850	1,900

	駁殼	機槍	曲尺	合計
槍（枝）	220	2	26	368
彈（發）	23,000	4,000	1,500	33,950

特務隊各地勤務分配表

地區		人數
重慶（233）	羅家灣	30
	望龍門	73
	馬鞍山	12
	遺愛祠	5
	大小巷子	7
	神仙洞	6
	五福林	14
	石灰市	4
	宋公館	20
	其他	26
	山洞	6
	繰絲廠一帶	30
軍警憲督察處		11
貴陽（22）	化龍橋	9
	毓秀里	5
	永安寺	3
	唐家花園	5
修文		33
息烽（87）	玄天洞	27
	底寨	13
	新監	47
祁陽		6
直屬分隊		28
公差		8
禁閉		3
合計		431

己、電訊交通

一、通訊業務

電台之分佈

截至二十八年底，各處電台為二三六座，內計總台兩座，一設於重慶，一設於息烽，特台二○○座，軍用台三四座，分設全國及暹羅（曼谷）、安南（河內）各地（見本局現有電台分佈地區及數量統計表）。

沅淩總台之移建

本年一月間，因工作中心之轉移，沅淩總台移建貴陽，為避免空襲危險，並計劃利用水力發電起見，復於十二月間移建息烽。

兩總台工作之紀錄

所有全國分台之聯絡，均集中于重慶、息烽兩總台，取其地區適中，俾使各地之情報能於極迅速之時間內到達中央。現渝總台有大機二十一架，息烽總台有大機十三架，同時工作，渝－息間採用專機雙工制，渝總台每月工作，平均約一百八十萬字，息總台每月工作，平均約七十萬字。支線聯絡，則集中於區台及站台，指揮運用尚稱靈活（見本局電訊總台及各地分台機數及每月收發字數統計表）。

敵逆破壞所受之影響

本年來電訊工作受影響最大者，為七月、十一月間上海、青島工作人員之先後叛變，一時重要據點，如南京、蘇州、鎮江及山東全省，幾全數被敵破壞，不得不另行佈置。上海方面，十二月底已建成七台，可以暢通，南京因僅存郊外一台，現已設法在城內重建，山東僅兗州一台暢通，餘均被迫於環境，迄未恢復。又九月底津區失事，因電台迅速移動，該區通訊雖未受影響，但唐山、滄州兩組則被波及，電台均被迫停止工作。十月復有平區失事，我電台被破獲一座，其他兩座亦被迫停止工作多日，因工作人員能力優強，意志堅定，卒能相繼于十二月六日及二十四日分別于艱危中恢復工作，現均已能照常暢通。十二月十八日武漢區失事，電台同時被破壞，工作驟停，除借用軍令部台以通消息外，刻正將團風台機，及武漢特行組台向漢口推進，重建武漢區工作。

電訊工作擴張至國外

本局電訊正式擴張至國外，除香港外，始于今年二月安南河內台試通之成功，十一月六日暹羅盤谷繼之，正進行建立者有新加坡、西貢、仰光等台。

通訊制度之改革

我通訊之特種符號，沿用已將六年，其優點為不易抄收，不易研譯，其缺點為拍發迴異，易引起敵人注意，而有被偵察搜索之危險。復因年來事變屢見，在方

法上難免洩漏于敵手，故十月間以斷然之措置，特種符
號完全廢止，改用莫爾斯符號，電報格式、縮語，均同
時改如普通方式，使敵人驟失目標，無法偵尋。

密本之變化

十月份起，將統一之台用「通密」廢止，改用分區
密譯法，此法變換既易，捉摸無從，並為應用特別嚴密
起見，各台仍各規定備用密譯法一種，為最機密通訊時
之用。

收音機之利用

淪陷區域材料採購，機器攜帶，秘密藏置，均感困
難，經以收音機改製收發報機，試用成績極佳，現已分
批抽調報務員學習成功，已分別派遣至上海、北平從事
建立，將來分發電台至淪陷區重要地點有電燈設備者，
不必攜帶機器，且于掩藏之困難亦可避免。

改變發電音質避免偵察

發報機所發聲音，于相當時間後，往往被人熟聽，
易受偵抄。為混淆敵人目標，嚴密通訊起見，于總台各
發報機之裝置方面加以改變，可使其音調隨時改變，或
粗或尖，使傾聽者無法判別。

二、偵察業務

　　偵察業務原為本局電訊工作之重要部分，年來因限於人力、財力，未能充分發展，節經于廿七年總報告內扼要陳述。本年一月間，原擬計劃在重慶、貴陽、昆明、成都、宜昌、西安、桂林、寧夏、天水、蘭州等十處後方重要城市，各設電訊偵察組，以從事防諜及索通敵電台為任務。嗣以所需經費過鉅，人機亦不易配備，一時勢難全部舉辦，乃先從重慶市著手。

偵察機之佈置

　　並于三月間運用重慶衛戍總司令部稽查處第三科合組辦公，計佈置偵察機七架，除以一架擔任流動偵察外，其餘六架，在金馬寺、馬王廟、石板坡、菜園壩、江北岸、南坪場等六處，每處佈置一架，擔任普通偵聽，報務員除由本局派充外，並由各有關機關抽調，以每機分配二人輪流工作。七月間各機關派來之報務員一部調回，所餘之人員，僅能配合四架偵察機工作，經以第一機為流動偵聽。第二機專任抄收可疑台電報，第三、四兩機擔任普通偵聽，又測向機原屬軍令部管轄，為便於工作計，亦自三月間運用稽查處名義統一指揮，並請軍令部派員督導，暫以重慶市區為工作之對象，計有測向機三架，在遺愛祠、江北岸及南岸海棠溪等三處各佈置一架，專任測向事宜，茲將偵察工作概況列表如次。

偵察工作概況

偵察對象	美國兵艦「都希拉」號	英國兵艦 Falcon
建立地點	龍門浩	南岸
呼號	Nekcl	XT9
通訊時間	無	十一時、十二時半、十八時廿二時、廿四時
通訊地區	上海、北平、天津漢口、香港、華盛頓	上海、香港、漢口
偵察時間	三月間經查三星期	五月間全部查明
偵獲概況	經偵明其波長、通訊時間、全部通訊網後，五、六兩月共抄明碼五十八份，密碼電一一九份，明碼電全部譯出，獲悉其中有合眾社記者愛克斯蘭及著名間諜馬丁利用該台傳遞重要消息	經偵明後，於五、六兩月間，共抄得明碼報二二份，密碼報九十三份，明碼報全部譯出，以私人電報為最多
處理情形	報請咨外部向美使館交涉制止，七月底奉令停止偵聽	報呈咨外部交涉制止

偵察對象	法國水師營	民生公司
建立地點	彈子石	
呼號	UW	CF
通訊時間		
通訊地區		上海某電台 CB
偵察時間	五月間經一星期偵明	
偵獲概況	經偵明後，於七月間共抄到電報 13 份，係法文密碼，無法研譯	計共抄到電報一○五份，經譯出全係商業電報，與政治無關
處理情形	經報請鑒核於七月底奉准停止偵聽	三月底停止偵聽

偵察對象	英使館職員羅威	太古公司輪船
建立地點	重慶業餘台 XU4X4	萬流輪、康定輪、萬縣輪
呼號		
通訊時間		
通訊地區	上海業餘台及全世界業餘台	三輪互通並與英兵艦 Falcon 聯絡
偵察時間	三月至七月	五月間
偵獲概況		平常電報甚少，係航海運輪及起止等報告
處理情形	五三轟炸，曾以電源斷絕，停止發報，請軍委會咨外部通知美使館轉飭禁止，旋羅威向稽查處登記，當予拒絕	以該三輪離渝，停止偵聽

偵察對象	河北民軍總指揮部駐渝辦事處	西康省政府
建立地點	魚洞溪	鵝公岩
呼號		
通訊時間		
通訊地區		
偵察時間	九月間	十月間
偵獲概況	經偵明其波長、通訊網及全部通訊時間	經偵明其波長、通訊網及全部通訊時間
處理情形	抄收之電報交密電組研究	抄收之電報交密電組研究

附註：

　　怡和公司，海通社，德、意大使館，及春森路五號，武庫街路透社長住屋，南岸紅經廟葉守之住屋，均經派機偵察，均未發現。

　　由三月至九月間，普通偵聽共偵聽到呼號一、四二八個，計已判明者四四七個，未判明者八〇八個，可疑者一七三個。抽一四四個交測向機偵測，經測定方位者二十一個，未定方位者一二三個，十月份以後，普通偵聽機專任個別監視工作。

重慶市電台調查

本市電台登記，原由軍政部交通司辦理，關於復查、檢查、核對及非法、違法電台處理事宜，則由本局運用稽查處第三科主辦，嗣以軍政部辦理電台登記事宜過于遲緩，故應辦事項深感棘手。截至本年底止，經調查及偵察機偵聽，已調查確實者，計專用電台六十座，軍用電台一百另五座，交通部電台十一座，外國使館、兵艦電台四座，共計一百八十座。其中已辦登記者一百六十七座，未辦登記者十三座，正請示處理中。

重慶市收音機之調查及登記

自五月間開始辦理，以五月三日敵機轟炸後，市民疏散，收音機遷移鄉間甚多，地區遼闊，以致未能按照預定時間完成登記。截至本年底止，計已辦登記手續，並派員復查詳確無疑者二三五具，未按照登記手續經扣留核辦者三十四具。按照重慶市戶口調查登記估計，收音機當不止此數，現仍繼續逐戶複查中。

重慶市無線電材料之統制

電訊偵察工作，除施用技術偵聽外，關於電料出售、過境、進口等，必須嚴格統制，始易見效，經於五月間起切實辦理，並召集各電料商行會議決定辦法，訂定統制辦法呈准施行。截至本年底止，辦理登記者計四十七家，其中有八家發售電料，間有不憑稽查處發給之許可證出售者，均予嚴重警告糾正，數月以來尚見成效。

三、製造業務

　　本局無線電製造所，自二十七年十一月下旬由湖南沅陵開始遷設貴州息烽，至二十八年一月中旬全部復工後，原擬完成大電機五十架、小電機三百架，及主要零件之自給，為本年度最低之計畫。乃因材料採購及運輸之困難，致二、五、六、九、十、十一、十二，七個月幾無出品可言，致上項計畫無法完成。且訂購之新工具，以機體笨重未能運入，因之特工無線電機及軍用無線電機之機械結構，不得不仍依上年之型式製造，理想中之改進辦法，亦未能實現。再查後方特工電台之建立，已近飽和狀態，而淪陷地區之建立電台，又採報務員自造方式，此後特工電機需要量已大為減低。本局無線電製造所，今後決銳意改進軍用無線電機之製造，藉以加強運用無線電通訊之效能。茲將本年各月份電機製造發數量及分發地區分別列表如後。

　　又關於料款方面，自二十七年六月奉鈞座撥發國幣十八萬七千五百元，為購備大電機三十架，及小電機二百架之材料費後，同時又奉撥測向機二架購置費一萬五千元，當經派員赴港購辦。九月間，因敵迫武漢，電機需要激增，深恐不敷應用，乃添購大電機二十架、小電機一百架材料，所需料款，悉由本局籌措。惟因上項料款，均用外幣支付，計付港幣十四萬八千四百七十三元七毫二仙，美金七千三百七十元零七，英鎊八百五十三鎊十七先令，因未得購結外匯，悉照黑市價格兌進，又加料價上漲，合計支出國幣四十四

萬一千八百八十九元，較經領數二十萬二千五百元，實
超出國幣二十三萬九千三百八十九元。

附1、現有電台分佈地區及數量統計表

	江蘇	浙江	安徽	江西	湖北	湖南
總台						
特工台	12	10	17	16	16	18
軍用台	20	1	1	1	1	
合計	32	11	18	17	17	18

	四川	西康	貴州	福建	廣東	廣西
總台	1		1			
特工台	3	2	3	8	21	3
軍用台						1
合計	4	2	4	8	21	4

	山東	河北	山西	河南	陝西	甘肅
總台						
特工台	8	11	6	21	10	7
軍用台		4	2	3		
合計	8	15	8	24	10	7

	綏遠	察哈爾	寧夏	雲南	國外	流動	總計
總台							2
特工台	2	1	1	1	2	1	200
軍用台							34
合計	2	1	1	1	2	1	236

附 2、電台異動統計表

	一月	二月	三月	四月	五月	六月
建立	2	5		3	1	1
移建	5	2	3		1	
撤銷	2	3	1		1	
破獲			2	1	1	
叛變		1				

	七月	八月	九月	十月	十一月	十二月	全年合計
建立	1	8	1	4	5	5	36
移建	1	2	3	2	1	2	22
撤銷	3	3	2	1			16
破獲	4		2		2	3	15
叛變					1	1	3

附 3、電訊總台及各地分台機數及每月收發字數統計表

		一月份	二月份	三月份	四月份
渝總台	機數	16	16	16	16
	字數	1,923,696	1,542,799	1,767,795	1,857,464
筑總台	機數			13	13
	字數			761,219	769,196
各地分台	機數	193	203	205	200
	字數	3,183,924	3,047,842	3,453,290	3,681,345

		五月份	六月份	七月份	八月份
渝總台	機數	17	17	18	18
	字數	1,882,106	1,880,219	1,795,630	1,661,639
筑總台	機數	13	13	13	13
	字數	786,463	743,734	652,137	675,939
各地分台	機數	205	207	204	203
	字數	3,746,703	3,543,193	3,378,675	3,233,979

		九月份	十月份	十一月份	十二月份
渝總台	機數	18	19	21	21
	字數	1,782,822	1,927,275	1,835,853	2,027,909
筑總台	機數	13	13	13	13
	字數	707,000	813,853	693,524	753,287
各地分台	機數	197	198	208	204
	字數	3,196,918	3,347,228	3,581,359	3,441,460

		一機平均數	總計
渝總台	機數		（213）
	字數	102,747	21,885,207
筑總台	機數		（130）
	字數	56,588	7,356,412
各地分台	機數		（2,427）
	字數	16,825	40,835,916

附註：總計欄括弧內之機數係各月累積數。

附 4、電機製發數量按月分類統計表

	製成數					
	一月	三月	四月	七月	八月	合計
五瓦軍用收發報機	1	102				103
十瓦枱鐘式收發報機			27			27
小型特工收發報機			50			50
二百瓦發報機					1	1
三十瓦報話兩用發射機			1			1
二百瓦報話兩用發射機					15	15
四十瓦整流器			6			6
五瓦調幅器			5			5
手搖發電機				20		20

	分發數				結存數
	四月	五月	八月	合計	
五瓦軍用收發報機		80		80	23
十瓦枱鐘式收發報機	4			4	23
小型特工收發報機	33			33	17
二百瓦發報機			1	1	
三十瓦報話兩用發射機	1			1	
二百瓦報話兩用發射機			14	14	1
四十瓦整流器	4			4	2
五瓦調幅器			4	4	1
手搖發電機					20

附 5、電機分發按區分類統計表

	侍從室分台	政治部	部隊	特種情報所	桂林行營諜報部
	1	45	17		
十瓦枴鐘式發報機				1	2
小型特工收發機					
小型特工發報機					
二百瓦發報機					
三十瓦報話兩用發射機					
二百瓦報話兩用發射機				1	1
四十瓦整流器				1	2
五瓦調幅器					

	局本部	訓練班	渝總台	筑總台
五瓦軍用收發報機	1	15		
十瓦枴鐘式發報機				
小型特工收發機				
小型特工發報機				
二百瓦發報機				1
三十瓦報話兩用發射機			1	
二百瓦報話兩用發射機			3	9
四十瓦整流器				
五瓦調幅器			2	2
附註		實習		

	各地分台			合計
	新建	重建	預備	
五瓦軍用收發報機	1			80
十瓦枴鐘式發報機	1			4
小型特工收發機	7	3	7	17
小型特工發報機	6	3	7	16
二百瓦發報機				1
三十瓦報話兩用發射機				1
二百瓦報話兩用發射機				14
四十瓦整流器	1			4
五瓦調幅器				4

四、密本研究

密本方面

　　電訊之機密與否，全視密本與方法如何而定，故密本變化愈多，機密性愈大。過去密本，均失之太簡，形式上亦嫌過於固定，本年來多方研究改進，設計一種活頁密本，含有數種不同之變型，減少相互間意外之影響，更在角碼編印上設計改進，期能確保電訊之機密。此項密本已編印完竣，正分發各重要區站使用中（見附密本編製報告表）。

　　年來本局工作逐漸擴展，所約發之密本達五二九部，為確保各個之機密計，在本年內將全部密本嚴格劃分，切實統制。就電報來往之多寡，決定密本約發之區別，站以上則約發最機密者，組或小組約次機密者，個人則約發普通密本，並另編會計密本　種，專供會計部份來往文電之用。

譯法方面

　　鑒於過去譯法太形呆板，且淪陷區之組織迭經變故，密本殊多散失，難免不為敵所乘，若經常頻發密本，敵區內亦難以順利通過，乃從譯法上研究設計改進。遂採用一種活譯法，根據數學原理演繹之，使原碼變形幻化無窮，雖千萬個相同之文字，而無一組相同之電碼。此法在廿七年底即開始使用，本年內逐漸推廣至全國各區站及直屬組，且方法之運用日求精益，不斷增高其機密性。更復按地區之重要、次要，而分別譯法之

繁簡，良以各地譯法原則雖同，方式互異，各成一系，
絕不致牽一髮而動全局。

密本編製報告表

版名	普四版	會計本
出版月	一	六
印製冊數	一千	六百
內容	照各部首之第一、二兩筆，分、一丨丿乛乚六類，其字句以斜形方式排列，每頁畫分二、三段不等，共一百頁	依明碼部首編製稍加變通，凡會計用術語專辭及大小數字，均儘量編入，共一六九頁，並附數碼表一頁
電碼編印	分四碼與五碼二種，四碼每頁編印一個角碼，五碼每頁編印兩個角碼	五碼，每頁一個角碼
譯法	四碼用直譯，五碼用複譯	複譯
分發範圍	四碼專供關係較淺之工作人員領用 五碼編發區站與其所屬小組通用	各區站組會計上專用

版名	普五版	機九版
出版月	八	十
印製冊數	三百	六百五十
內容	每頁分上下二段，上段為單筆之部首，下段為雙筆之部首，共一百頁	用活頁式編排，即將全部密本，分成六個部份，顛倒其次序，可成三十六種不同之密本，又每面部首多寡不定，每一部首規定一、二個數碼分置各面，以示區別，而便檢查，計六系合為一體，共二百頁
電碼編印	四碼，每頁一個角碼	五碼，每頁角碼一、二、三、四個不等
譯法	四碼直譯	複譯
分發範圍	與本局有友誼關係之人員	專發站以上單位應用

註：另行設計之普六版及組用本在趕製中。

五、密電組工作概況

　　密電組成立於二十七年冬，為本局技術室所轄機購之一，在美顧問指導下，以研議敵軍及由電檢所檢獲之密電為主要任務，一年來研譯敵軍及川中各軍密電甚多。原定計畫擬於二十九年間推擴航委會情報台偵察研譯之工作於西北及東南二處，使敵軍一切密電，能達譯述之目的，並充實人力，進而研譯德、意兩國之密電各在卷。嗣於本年十二月間，呈准鈞座將該組工作歸併侍從室技術室統一辦理，現正準備合併外，茲將該組一年來工作實錄分別列表如次。

附 1、偵抄密種與研究完成密電一覽表

密種		敵陸軍密電		
		一カナ組		
偵抄數	密名	3		
	報份	1,818		
研究數	密名	3		
	報份	1,818		
研究概況		一月及二月即著手研究		
研究成功	密名	カナ A	カナ B	廣東 A
	報份	1,610	34	239
	開始研究時間	28/3/6	28/5/12	28/4/23
	研究完成時間	28/3/12	28/5/16	28/4/26
	密名啟用時間	27/11/1	27/12/18	28/1/15
	密名廢用時間	28/5/28	28/9/16	28/6/3
	密碼組織情況	單カナ替換賽佛，每十日換一種	單カナ替換賽佛，用四八個カナ，十個數字及濁音、半濁音、句點等符號	單カナ替換賽佛，用四八個カナ及長別段落點等符號
	密電內容	敵台通訊業務及部隊人員調動	敵台通訊業務及部隊人事異動，與日常私人雜務等	敵軍船舶運輸

密種	敵陸軍密電			
	二カナ組			
偵抄數	密名	4		
	報份	9,521		
研究數	密名	4		
	報份	9,521		
研究概況	經一、二月間研究，發現其組織，單行常用假名十四個，每單位假名所跟之雙行假名為廿五個，定名為「IIカナA」	一、六月間經研究，每十九個假名後有附點之密電，定名為十九假名密電　二、九月間復繼續研究，發現此項密電內有不同之密法二種，分別定名為十九假名附點甲、十九假名附點乙　三、十月間復在十九假名附點乙內發現指標四十八種		
研究成功	密名	IIカナB	IIカナA	十九カナ附點甲	十九カナ附點乙
	報份	95		
	開始研究時間	28/04/14		
	研究完成時間	28/04/25		
	密名啟用時間	28/02/20		
	密名廢用時間	28/08/20		
	密碼組織情況	兩カナ代一カナ替換賽佛		
	密電內容	敵軍人事異動及敵台通訊業務		
備考		此三種經統計分析，僅能確定其組織，但甚深奧，一時不易成功		

密種		敵陸軍密電		
		三カナ組	二數字組	
偵抄數	密名	1	24	
	報份	1,736	138	
研究數	密名	1	4	
	報份	1,736	48	
研究概況		四月間經研究，發現一種假名密電，夾用五十種不同指標		
研究成功	密名	五十指標	II 數字 A	II 數字 B
	報份	1,736	34	14
	開始研究時間	28/5/4	28/5/19	28/5/24
	研究完成時間	28/6/6	28/5/24	28/5/26
	密名啟用時間	27/11/1	27/8/24	27/9/27
	密名廢用時間	28/9/20	28/3/25	28/2/6
	密碼組織情況	三カナ組，特加五十種不同之替換賽佛，每一賽佛有一指標	兩數字替換一カナ，或符號替換賽佛	
	密電內容		敵軍人事異動及敵台通訊業務	

密種		敵陸軍密電		
		三數字組	四數字組	五數字組
偵抄數	密名	746	3,485	416
	報份	3,540	97,368	2,508
研究數	密名	1	4	
	報份	163	2,430	
研究概況		十一月、十二月間研究，以試驗性質混合參研三字組數字密電之組織，已逐步統計分析中	經八月、十一月、十二月研究統計分析其電文組織，覺甚困難，目前無法破譯	
研究成功	密名			
	報份			
	開始研究時間			
	研究完成時間			
	密名啟用時間			
	密名廢用時間			
	密碼組織情況			
	密電內容			

密種		川軍電				
偵抄數	密名	235				
	報份	4,194				
研究數	密名	24				
	報份	1,564				
研究概況						
研究成功	密名	定	道	遠	通	達
	報份	61	31	9	60	32
	開始研究時間	28/8/28	28/9/4	28/9/4	28/9/4	28/9/4
	研究完成時間	28/9/4	28/9/15	28/9/15	28/9/15	28/9/15
	密名啟用時間	28/8/20	28/9/2	28/9/7	28/8/27	28/9/4
	密名廢用時間		28/12/15	28/12/15	28/12/15	28/12/15
	密碼組織情況	角碼	角碼	角碼	角碼	角碼
	密電內容	人事、經濟、政務等	新聞、人事、經濟、公務等	川省政務	政務、人事、經濟、新聞等	新聞、人事、經濟等

密種		川軍電（續前表）				
偵抄 數	密名					
	報份					
研究 數	密名					
	報份					
研究概況						
研究 成功	密名	堅	達 （范用）	蓉	季	血
	報份	102	108	28	143	107
	開始研 究時間	28/9/10	28/9/25	28/7/18	28/11/19	28/11/19
	研究完 成時間	28/9/19	28/12/2	28/11/21	28/11/22	28/12/4
	密名啟 用時間	28/8/21	28/10/1	28/9/11	28/9/11	28/9/10
	密名廢 用時間	28/12/7				
	密碼組 織情況	角碼	角碼	明碼作底，前二字 與後二字互錯		角碼
	密電 內容	私人應酬	軍情、經 濟	政務、經 濟、人事 等	川省政務	清剿、匪 情、防空 事宜等

密種		川軍電（續前表）				
偵抄數	密名					
	報份					
研究數	密名					
	報份					
研究概況						
研究成功	密名	八	競	淵	何	和
	報份	36	12	4	3	4
	開始研究時間	28/12/13	28/9/26	28/10/9	28/11/30	28/11/30
	研究完成時間	28/12/15	28/10/18	28/10/16	28/12/9	28/12/10
	密名啟用時間	28/9/23	28/8/28	28/10/6	28/11/24	28/11/26
	密名廢用時間					
	密碼組織情況	角碼	明碼作底加○九一八	角碼	替代法	角碼
	密電內容	財政、公有營業事項等				電台公務

密種		外交電	郵檢電	
			中文	外文
偵抄數	密名	不易確定	365	不易確定
	報份	21,370	553	5,741
研究數	密名			
	報份	371		
研究概況		經研譯一部份英文密電,因缺乏外文參考密本,故一時無法解決	與川軍電併合研究	與川軍電併合研究
研究成功	密名			
	報份			
	開始研究時間			
	研究完成時間			
	密名啟用時間			
	密名廢用時間			
	密碼組織情況			
	密電內容			

附 2、偵獲及譯述密電份數按月分類統計表

				一月	二月	三月	四月
敵電	陸軍	カナ密碼	偵獲	1,548	2,644	2,514	2,957
			譯述	278	318	385	400
		數字密碼	偵獲	5,633	5,231	8,664	5,418
		明電	偵獲	297	931	1,345	947
			譯述				
	氣象密電		偵獲				1,031
			譯述				
	空軍密電		偵獲				178
			譯述				
	商電		偵獲			12	4
川軍電	明電		偵獲				
			譯述				
	密電		偵獲				
			譯述				
郵檢電	國內		偵獲	7	37	146	100
			譯述				
	國外		偵獲	3	67	350	265
			譯述				
國外	外交快報		偵獲		794	1,294	1,498
	外交英文密電		偵獲			300	268
	外僑電		偵獲	153	92		
	國際電		偵獲				
合計			偵獲	7,641	9,796	14,625	12,666
			譯述	278	318	385	400

				五月	六月	七月	八月
敵電	陸軍	カナ密碼	偵獲	491	596	866	945
			譯述	98	3	6	5
		數字密碼	偵獲	3,954	6,046	10,696	13,653
		明電	偵獲	1,057	1,228	243	182
			譯述				
	氣象密電		偵獲	557	1,393	1,733	2,537
			譯述				
	空軍密電		偵獲	61	69	41	39
			譯述				
	商電		偵獲	416	864	376	1
川軍電	明電		偵獲				34
			譯述				
	密電		偵獲				48
			譯述				
郵檢電	國內		偵獲	49	54	36	27
			譯述				
	國外		偵獲	742	703	355	412
			譯述			46	166
國外	外交快報		偵獲	1,842	1,800	1,958	2,144
	外交英文密電		偵獲	220	388	260	460
	外僑電		偵獲				
	國際電		偵獲				
合計			偵獲	9,389	13,141	16,564	20,482
			譯述	99	3	52	171

				九月	十月	十一月	十二月	全年共計
敵電	陸軍	カナ密碼	偵獲	518	359	329	191	15,396
			譯述	4				1,498
		数字密碼	偵獲	14,986	20,080	16,495	17,049	127,905
		明電	偵獲	127	225	374	635	7,591
			譯述	82	121	92	128	423
	氣象密電		偵獲	2,568	13,445	11,813	8,203	43,280
			譯述		491			491
	空軍密電		偵獲	94	868	1,740	2,357	5,447
			譯述		9,555			9,555
	商電		偵獲	2				1,694
川軍電	明電		偵獲	110	289	252	235	920
			譯述	73	174	229	138	614
	密電		偵獲	546	704	990	1,147	3,435
			譯述	150	223	152	127	652
郵檢電	國內		偵獲	25	28	24	35	568
			譯述			18	17	35
	國外		偵獲	554	633	799	1,040	5,923
			譯述	161	157	16	3	549
國外	外交快報		偵獲	2,428	2,161	1,747	1,926	19,292
	外交英文密電		偵獲	322	210	706	639	3,773
	外僑電		偵獲					245
	國際電		偵獲		42	45	32	119
合計			偵獲	22,299	39,044	35,314	33,479	234,440
			譯述	470	10,721	507	413	13,817

六、交通概況

自武漢撤退後，本局工作重心轉移重慶，於是以重慶為中心之水路空交通網之建立，實為切要之圖。爰經根據事實上之需要，經本年若干時之努力，已逐步完成與增強。大體言之，約分鐵路、水路、公路、航空各方面，茲分別臚陳於次。

鐵路方面

計分湘桂、粵漢、浙贛三線，內除湘桂一線可直達外，粵漢線僅南通韶關、北達長沙（現僅至淥口），浙贛線原由金華經衢州、江山（與閩浙公路銜接）至上饒、向塘、南昌再折回至萍鄉、株州而至衡陽。嗣以向南間之路軌拆毀，不能直達南昌，為適應工作上之需要，經佈置向塘至南昌徒步交通，以資銜接。迄南昌陷落，情況劇變，浙江與內地之聯絡，幾至中斷，嗣經設法佈置湘贛公路交通，以謀補救，其路線係由衡陽至吉安、鷹潭轉乘火車而至金華。

水路方面

分慶瓷（重慶至瓷器口）、渝宜、淥長三線，慶瓷線係每日四次，渝宜線每月兩班，淥長線因粵漢路北開僅通淥口，由淥口必須換乘輪船始能達到長沙，其班次係隨粵漢線班次而定。此外於九月間，曾謀利用招商局輪船，建立長渝交通線，以便利川湘間文件之傳遞，此線係由長沙至沙市經宜昌至重慶。嗣因湘北會戰，該局

將此線撤銷，此航線之交通乃致中斷。

公路方面

　　分西南、西北兩大幹線，西北幹線分成渝、蓉寧（羌）、寧陝、陝甘四段，西南方面分渝筑、筑滇、筑柳、柳桂、筑沅（陵）、柳邕六段，及芷（江）黔（陽）、筑息（烽）、衡岳三徒步交通線。又長榆（榆樹灣）公路，於六月通車，曾擬建立此線交通，以謀縮短湘渝間傳遞之路程，惟自湘北會戰以後，客車不通，遂告停頓。此外並經佈置由海防經河內、同登、鎮南關、南寧以迄柳州之公路交通線，惟自南寧失守，此線遂亦中斷。

航空交通

　　分渝仰（光）、渝越、渝港、渝筑、渝桂、渝昆、渝陝、渝蓉八線，內除渝陝線因飛機缺乏，運用困難外，其餘各線對工作效用上，均稱便利與靈活，尤其渝港一線，對外海與內地之聯絡，裨益其大。

　　一年來之交通情形具於上述，至最近交通網之佈置，及收發站之分佈，與交通班次之配備等項，均經另附圖表，茲不詳贅。又外海交通，除滬甬甌線已於上年佈置完竣，並開始工作外，餘如滬港、港越、港津等線，亦於十月間先後佈置完竣。其步驟即係按照二十七年度及二十八年一月至三月工作報告中所擬之辦法，先佈置沿海水路交通，運用外商輪船茶役，每月隨輪往返

於海防及汕頭、廈門、上海、天津等地，並設立收發總
站於香港，以為策動外海交通工作之中心，經常予交通
人員以技術與精神之訓練，以堅定其工作之信心，另在
海防、汕頭、廈門、上海、天津五處分別設立接頭處以
資連絡。至香港與內地之聯繫，則係以所佈置之港渝線
航空交通為骨幹，並另佈置港韶線交通以資補助，此線
由香港經淡水、惠州而至韶關以轉內地，其間或乘舟
車，或屬步行，雖傳遞較為遲滯，要亦不失戰時交通之
價值也。此外並佈置金（華）寧（波）溫（州）補助交
通線，以期出入海口之更為便利，又在後方所佈置之秘
密交通。雖得運用各種方式進行工作，然以事權不專，
所受限制既多，而掩護亦欠切實，致工作之實施，不能
盡如所期，尤以目前環境之困難，交通之增強愈感重
要。爰經呈准在軍委會運輸總監部，成立一督察組，由
本局派員切實掌握，一俟開始工作後，不但便利交通工
作，並可加強調查軍事運輸之一切情形，而從事各種情
報之搜集也。

附 1、交通路線人數班次配備表

區別	公路線			
路線	渝蓉線	蓉羌線	羌陝線	陝蘭線
路線註釋	重慶至成都	成都至寧羌	寧羌至西安	西安至皋蘭
交通人數	2	2	2	
每月班次	16	8	8	
平均每人班次	8	4	4	

區別	公路線			
路線	渝筑線	筑柳線	柳桂線	筑昆線
路線註釋	重慶至貴陽	貴陽至柳州	柳州至桂林	貴陽至昆明
交通人數	4	2	1	1
每月班次	20	8	8	8
平均每人班次	5	4	8	8

區別	公路線		
路線	筑沅線	筑息線	衡金線
路線註釋	貴陽至沅陵	貴陽至息烽	衡陽至金華
交通人數	2	1	2
每月班次	8	12	8
平均每人班次	4	12	4

區別	鐵路線	
路線	湘桂線	粵漢線
路線註釋	衡陽至桂林	長沙至韶關
交通人數	1	2
每月班次	8	14
平均每人班次	8	7

區別	水路線－外海			
路線	滬甬甌線	港越線	港滬線	港津縣
路線註釋	上海至鄞縣、永嘉	香港至海防	香港至上海	香港至天津
交通人數	2			
每月班次				
平均每人班次				

區別	水路線－長江	水路線－內河
路線	渝宜線	渝瓷線
路線註釋	重慶至宜昌	重慶至瓷器口
交通人數	2	1
每月班次	4	60
平均每人班次	2	60

區別	航空線			
路線	渝港線	渝越線	渝仰線	渝昆線
路線註釋	重慶至香港	重慶至河內	重慶至仰光	重慶至昆明
交通人數				
每月班次				
平均每人班次				

區別	航空線			
路線	渝桂線	渝筑線	渝蓉線	渝陝線
路線註釋	重慶至桂林	重慶至貴陽	重慶至成都	重慶至西安
交通人數				
每月班次				
平均每人班次				

備考：

一、羌陝線由寧羌至寶雞係公路，由寶雞至西安係鐵路。

二、陝蘭線係運用西蘭公路西安站長代吾人設法傳遞文件，故班次無法規定。

三、衡金線由衡陽至鷹潭為一段係走公路，由鷹潭至金華則走鐵路。

四、海外交通，除滬甬甌線已佈置二人外，其港越、港滬、港津三線，共佈置交通二十一人，分佈於二十一艘外海輪船上，每月隨輪往返港、越、滬、津等地，故班次無法規定。

五、各航空交通線之班次，係隨各航空公司之航期而定。

六、交通之配備，除表內所述者外，尚有交通二人，專任臨時派遣。

附 2、交通網佈置圖

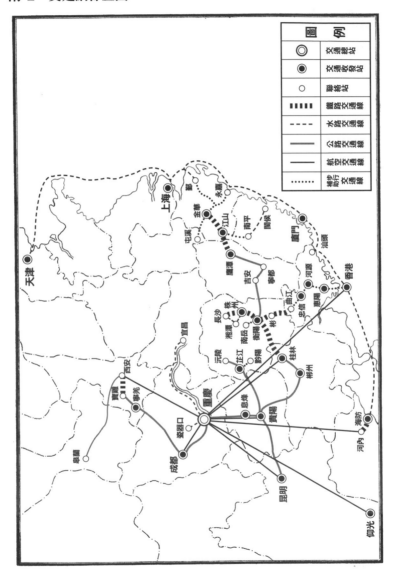

庚、警務與檢查及緝私事項

　　本局對於警務、檢查、緝私等機關工作之掌握與運用，一則因中央法令尚未盡能貫徹於地方，致各省之警務、檢查、緝私之機關，多有未能與本局密切聯繫，通力合作者；一則因制度未能確立，權責未能判明，即在中央權力能盡量使用之部分與省區，亦多未能由本局取得聯繫與談合作，即表面上已由本局掌握運用之警務、檢查、緝私之各機關，復因各有其行政系統，其工作、人事、經濟等要項，不能由本局確實支配，盡量運用，各該機關行政之設施，業務之推進，本局僅能負監督與指導之責耳。似此人力、財力使用之不經濟，致工作效能減低，甚至發生摩擦，形成隔閡，而為吾國政治之推進莫大之障礙者，吾人可以猛省矣。關乎各該機關一年來所得之情報與經辦之行動案件，均已散見於本局工作總報告中各類編矣，茲將一年來各該機關比較重要部門及其演進事項摘述如次。

警務事項

　　（一）**內政部警政司**，工作之無良好成績表現，固由於酆司長裕坤未脫學者態度，辦事稍欠魄力，但或則因戰時各省警察，益形支離破碎，或則因中央法令不能貫徹，致各自為政（如按照部令，各省政府掌理警察之機構，應隸民政廳第二科，而福建一省則隸屬保安處；如警官教育，應統一于中央警官學校，省只有警察訓練所之組織，但閩省則有警官訓練班之設立，且隸屬于保

安處之地方行政人員幹部訓練班等），加以警察經費，
未能統籌統支，警察人事未能集中支配。而歷任內政部
長官，或則因循敷衍，或則各有作風，部次長處事見
解，既常有不同（如現次長雷殷常引廣西一省之單行辦
法，為批辦文件之準則等），而主管司擬具之辦法，部
參事復得任意刪改，甚有以該司工作係與本局有關者，
遇事存心製肘，從中留難。凡此種種，皆令今日警政司
工作不能有較好成績表現之主因也。

（二）**內政部警察總隊**，係前首都警察所改編，現
共有四個大隊，原負擔中樞各機關警衛事宜，自中央遷
建區劃定自老鷹巖迄北碚場公路兩側地區為中央各機關
遷駐地，其內圍警衛，交由該總隊擔任，經派一部份警
察，于本年五月前往配置。又滇緬公路通車後，西南運
輸處因警衛武力不敷分配，奉准派遣該總隊第三大隊開
往昆明，擔任滇緬公路警衛及押運工作。該總隊各級幹
部，多係前首都警廳之舊屬，其警察亦有由首都所撤退
者，其待遇亦較渝市警察為稍優，故服務精神頗可。惟
該總隊原任總隊長樂幹，意圖侵吞招募經費壹萬餘元，
經本局查明檢舉有據，呈准鈞座判處刑四年六個月，現
已執行在案。繼任總隊長任建鵬，於本年八月十日奉令
接事，頗能努力盡職，故該總隊現狀日有進步。今後如
能擴充為六個大隊（初步），經常輪流加強訓練，補充
新式裝備，不僅中樞之警衛力量可以充實，且可以之為
將來編練武裝保安警察之基礎，並可以為戰後各省市警
察下級幹部之養成所，亦即為將來中央統一全國警察之
始基也。

　　（三）**重慶市警察局**，於上年九月奉准派徐中齊接充，當時原有長警一千二百人（實數僅九百二十五人），每月經費三萬五千元。自中央各機關遷渝與武漢淪陷以後，渝市人口驟增，加以重慶市區擴大，警額逐漸增加，現已有長警兩千五百餘人，經費亦增至每月八萬元。第因過去重慶警察素質甚差，不僅體弱矮小，多不識字，甚至有吸食雅片者，加以渝市環境之複雜，與徐中齊辦事欠缺硬幹苦幹實幹之精神，致「五三」、「五四」渝市重遭敵轟炸以後，秩序混亂，警察之弱點，完全暴露。生笠因感於責任之所在，故一面督飭徐局長力行整飭，一面呈准鈞座調撥前漢市警察一千名來渝補充，並調前漢局督察長東方白為督察處長，幫辦局務。東方白工作努力，且辦事認真，自接事以後，對於房屋之修葺，警士臥鋪之添置，服務之補充，與夫督察工作之加強，獎懲條例之實施，半年警察局所之設備，警察儀容之整頓，較前已有良好之改進。惟是徐中齊不自覺悟，反生疑忌，加以川人排外，竟有本年十一月因東方白懲戒辦事不力之分局長，而引起該局職員一百五十餘人聯名呈請辭職之事發生，此等責任，固應由徐局長負責之也。兩月來因適當之繼任人選不易物色，此事尚待解決中。現渝市範圍業已擴大與確定，為維持治安之需要，二十九年度渝市警察有擴充至四千名，經費有增至每月十四萬元之擬議，聞市府業已同意，今後警局責任，更益加重，觀前顧後，殊非現任者所能勝任也。

　　（四）**貴陽警察局**，於二十七年九月奉准派黔籍軍校第三期同學在憲兵司令部工作十年之陳世賢接任，並派遣多數幹部前往工作。該局原僅有長警四百餘人，不識字者有之，吃鴉片者有之，經迭令整飭，汰弱留強，設法補充，無如黔省人民身材矮小，體格又弱，加以教育落後，識字者少，致補充困難。而陳局長辦事復缺魄力，二月四日敵機轟炸筑市重遭損失之結果，各方對之均表不滿，因商吳主席【編按：吳鼎昌】予以撤換，並調浙警校一期學生夏松前往接任，並由內政部警察總隊選派優秀長警百名，調往該局工作，現筑市共有官警九百人。筑市治安之維持，現最感困難者，即中央各機關往來車輛之司機常不守行車規則，時有輾斃行人之事，與中央各機關駐筑及往來之官兵員司，常有聚賭不服取締之事發生也，現已迭令夏局長切實注意嚴行取締矣。

　　（五）**蘭州警察局**，當二十五年西安事變史銘任內受于學忠部逼迫摧殘之後，二十六年四月奉准以馬志超接任局長以來，經馬之銳意整頓，設法補充現有官警一千二百餘人，所有警察，均能作簡單之書面報告。自抗戰以來，先後訓練蘭州市義勇警察達三千人，由是項義勇警察出身現任西北各部隊之下級幹部者甚多，而現在蘭市者，對疏散區域治安之維持，與空襲前後之防護，協同動作，均甚得力。馬局長之忠實負責與廉潔，實為西北同志中不可多得之人材，如能使其任西北一部份軍事工作，其成績可斷定較之任警察為尤佳也。

郵電檢查

　　各地郵電檢查工作，由本局負主責者，計有重慶、蘭州、康定、西昌、立煌、曲江、吉安、福州、恩施、沅陵、洪江、耒陽、鎮遠、安順、畢節、遵義、獨山、萬縣、自貢、瀘縣、遂甯、廣元、雅安、洛陽等二十四所，及浙江沿海十九縣之郵電檢察專員。查郵電檢查工作，二十四年開始之時，由前軍委會調查統計局第一（黨部）、第二（現本局）兩處共同派遣人員，經費則由雙方各自負擔，於局本部成立第三處，掌理郵電檢查事宜，處長金斌，而負內部主要之責者，實為黨部所派之應澤。關乎人員之調遣與臨時辦公費等之支配，及上下行公文之處理等，均由應一手把持，第二處固未獲參加一人也。迨二十七年八月，前軍委會調查統計局改組中央黨部與軍委會兩局時，郵電檢查工作事屬軍事範圍，且原隸於軍委會調查統計局也，理應不另隸屬，無如前局長陳立夫先生，以係雙方共同派遣，不便隸本局為理由，堅持暫隸軍委會辦公廳成立一處，即今之特檢處也。當時生笠于最高調查會議席上，曾一再陳述理由，請求仍隸軍委會本局。奉諭可由本局負責指揮也。自金斌撤職，朱世明接充特檢處以來，內部應澤之把持如故，形成尾大不掉，處處予朱以難堪，外則雙方之派遣人員，因應澤在內部之把持挑撥，摩擦難免，加以各地黨政軍各機關對郵檢工作，均思染指，紛紛派員參加，各地黨部所派之郵檢員，復有共黨份子混跡其間，成份複雜，指揮不一，此今日郵電檢查之工作，徒耗國帑，增加糾紛之主因也。現特檢處雖隸屬辦公廳，但工

作之指導與考核，素無人負責，朱處長世明又奉命兼長
外交部情報司，難免顧此失彼。為整飭郵電檢查工作，
改進郵電檢查組織，以統一事權與節省人力、財力起
見，擬乞將軍委會辦公廳特檢處撤消，改隸本局，成立
一科，所有人員、經費，統交由本局負責整理。今後本
局于郵電檢查方面所得有關于中央調查統計局工作範圍
內之材料，當儘量移送處理也，至原中央調查統計局所
派人員之接收與今後工作分配，本局當一秉大公至誠以
處理，自信不至有多大問題。如中央調查統計局方面認
為該局所派人員，本局不應接收，工作不應統一者，則
同志之團結無期，國家永不能統一矣。

查緝事項

（一）**廣東緝私處**，自廣州撤退後，各地緝私機
構，大部多遭破壞，稅警總團復奉令調集三水、四會一
帶擔任協助西江防務，對緝私事務未能完全兼顧，私梟
乘機猖獗，影響稅收。本年四月緝私處由廣寧遷韶關，
將所屬機構分別規復整理，並由稅警總團撥三大隊，分
駐南路兩陽及北江、東江、潮梅一帶，與西江中山各
處，負責緝私，走私之風稍殺。嗣稅警總團奉令改編為
新編第八師，仍以稅警總團長兼緝私處長張君嵩為師
長，專任抗戰，緝私處亦以粵財政特派員公署撤消，改
隸粵財廳，現由顧廳長翊群自兼處長，留稅警四大隊擔
任緝私工作。查中央在粵省之禁烟緝私工作，亦由粵稅
警總團擔負，按照目前之情形，實非六個大隊兵力不足
分配，生笠〔戴笠自稱〕因粵省緝私工作，係二十五年

八月鈞座在廣州時面諭保舉幹員負責，在廣州未失陷以前之粵省稅收，年有增加，實係稅警總團與緝私處工作努力之明證也，加以粵省地位之重要，中央在粵之力量，必須儘量設法增進，故于十二月杪自浙回渝時，曾道經曲江，與顧廳長懇商，請其增加兩個大隊，與現有之四個大隊，成立一稅警總團，下分兩團，既可以加強緝私力量，且可為中央在粵保持一部份實力。無如顧廳長因原稅警總團與緝私處，過去查緝仇貨不遺餘力，認為與其稅收有礙，故堅決表示須自兼緝私處長，對增加警力一節，則唯唯否定，此飲鴆止渴之辦法，應乞鈞注。

（二）**禁烟督察處總監察室密查組**之組織，因人數不多（內外勤共有四十四人），且大部位置于督察處以下各部門擔任公職，在外活動者無幾，因是年來對內部職員貪污之檢舉與防止，頗能盡消極工作之能事。現政府厲行烟禁，期早肅清烟毒，為加強密查工作計，故于川、康、黔三省增設肅清煙毒糾察室，擴展該組之工作，並呈准于本年七月一日起，將該組直隸財政部，並更名為財政部禁烟密查組。

（三）**重慶衛戍司令部稽查處**，于本年三月成立，現有員兵三百餘人，擔任衛戍區域內水陸空交通檢查，及其他之稽查事宜。各幹部多係軍校各期特訓班出身，處長趙世瑞、副處長陶一珊，均能努力負責，故自開始工作以來，對反動之防止，秩序之維持，貪污之檢舉，盜匪之偵緝，均有良好之成績。惟十二月杪川鹽銀行董事會秘書主任何九淵之被刺殞命，迄未破案，

是一缺憾。

（四）**西南運輸處警衛稽查組**，自二十七年三月奉准由本局遴選張炎元同志充任以來，對於押運工作與各路司機之訓練，頗著成效，惟因西南運輸處組織龐大，範圍廣闊，員司眾多，良莠不齊，因而弊端百出。查本年一年間經該組破獲之員司舞弊走私搭客，販運煙土、盜竊汽油、盜賣器材及俘報公款等大小案件，不下五百件，雖未能完全杜絕弊端，但已予該處員司以極大之戒懼。除迭令該組加緊嚴密稽查外，茲將該組破獲重要案件，經簽請宋主任子良核辦，已有結果者，列表統計如後。又該組當桂南戰事吃緊之際，對於援桂部隊之輸送，與柳州軍用品之搶運，亦甚得力。再前奉鈞座面諭「滇緬公路及滇越路上司機員工盜賣汽油之風甚熾，何以西南運輸處警衛稽察組，無法防止與破獲，飭速查究」等因，遵經分別詳查，即當專案呈復矣。

西南運輸處警衛稽查組破獲員工不法案件統計表

		盜賣汽油	盜竊器材	走私搭客	販運烟土	營私舞弊	合計
呈報後處理之結果	申斥		1	5			6
	罰金			1			1
	追緝		3	1	2	1	7
	偵訊	8	11	1	5	4	29
	禁閉	3	4	5		1	13
	禁閉停薪	5	3	16	2		26
	禁閉後撤職		5			6	11
	撤職					5	5
移送核辦		8	15	8	17		48
共計		24	42	37	26	17	146

辛、其他事項

一、本局建築概況

本局任務，在於鞏固本黨之政權與護衛領袖之安全，情報之上達，警衛之配備，均須接近鈞座之行動，故職局辦公處所，頗不易找得適當處所。自去年我軍撤退武漢，中央各機關全部遷來重慶而後，本局工作重心因須接近鈞座，故自去年十二月以後，始陸續遷來重慶。因工作部門與人數之眾多，而重慶又為一商業場所，大建築既不多，而凡可借用或租賃之房屋，早已為中央其他各機關佔用一空，故在本年六月以前，本局辦公處所租賃房屋，散處城內外者達十二處之多。因重慶道路之崎嶇，交通之不便，與本局工作之繁忙，故傳令兵用至三十餘人，日夜傳達公文，處理尚覺遲緩，加以「五三」、「五四」敵機之轟炸，本局辦公處所，數遭波及，雖防護得力，損失甚微，但每遇警報，因辦公處所無防空設備，所有員兵均須攜帶隨身緊要之文件與重要之公物，避入附近公共防空洞，管理防範，均甚困難，而工作之效能，亦大受其影響矣。故一面與警察局徐局長相商，將被敵機轟壞一部份之羅家灣警察訓練所，尚未修理之房屋，讓與本局，加以修理，並添建草房，構築防空洞，為本局集中辦公之用；一面則於離小龍坎十華里巴縣所屬童家橋附近之楊家山、鍾家溝等處，租用山地，建築本局預備辦公處所及無線電總收發報台之房屋，裝設電燈、電話，並有防空設備，現全部

工程業已完成，並令工作人員之眷屬，大部遷往童家橋附近居住。兼就五靈觀禪院，加以修理，辦一小學，為本局工作人員子弟讀書之所，各級教師與工役，均工作人員之眷屬也。本局如此設備，則無論敵機如何空襲，決不能妨礙本局之工作可斷言也。至本局建築費之低廉，無論以中央任何機關所建築者來比較，可說便宜也，此無他，有計畫、有督察耳，至建築費之開支，列入本年經費報銷內。

壬、文件收發

一、收發文件分類統計表

		一月		二月		三月		四月	
		函	電	函	電	函	電	函	電
收	情報	683	5,116	761	5,378	1,036	6,011	2,202	6,364
	人事	206	637	207	893	218	917	648	1,494
	經濟	103	510	114	714	101	861	409	798
	行動	98	109	106	187	108	341	289	204
	司法	76	81	65	161	83	193	213	129
	電訊	329	2,387	293	1,607	342	1,716	318	1,561
	交通	47	83	38	94	19	106	65	207
	事務	17	105	41	136	10	158	50	79
	其他		531		604	14	1,014	96	1,438
	總計	1,559	9,559	1,625	9,774	1,931	11,317	4,290	12,274
發	情報	287	661	212	781	203	813	158	807
	人事	288	1,187	367	1,213	319	1,326	318	1,451
	經濟	117	646	134	684	206	679	313	664
	行動	39	213	48	257	57	259	131	250
	司法	56	104	76	114	81	118	123	40
	電訊	151	1,012	237	1,112	302	1,227	310	1,096
	事務	49	108	68	137	89	151	72	106
	交通	51	69	43	78	67	96		91
	其他	16	248	18	348	15	357	78	395
	總計	1,054	4,248	1,203	4,724	1,339	5,026	1,503	4,900

General Report of Special Intelligence of the Bureau of Investigation and Statistics, 1939

		五月		六月		七月		八月	
		函	電	函	電	函	電	函	電
收	情報	3,164	5,517	3,234	5,648	3,011	5,600	3,285	5,311
	人事	536	1,185	906	1,306	728	1,176	827	1,177
	經濟	354	520	384	785	371	730	261	605
	行動	186	121	217	240	191	149	117	131
	司法	144	73	186	146	172	101	96	59
	電訊	311	1,837	364	1,917	342	1,720	297	1,944
	交通	125	58	114	160	87	288	135	68
	事務	20	43	28	71	69	87		26
	其他	266	3,157	167	1,511	180	1,400	17	530
	總計	5,106	12,511	5,600	11,784	5,151	11,251	5,035	9,851
發	情報	436	705	494	793	302	815	177	752
	人事	340	1,167	577	1,185	341	1,115	367	1,254
	經濟	116	396	323	688	226	708	195	540
	行動	117	333	113	232	105	199	69	169
	司法	98	118	74	74	81	85	48	69
	電訊	444	972	488	1,025	425	1,006	331	1,146
	事務	57	82	68	125	86	145	4	48
	交通	45	39	40	32	50	52		36
	其他	97	197	272	254	183	347		202
	總計	1,750	4,009	2,449	4,408	1,799	4,472	1,191	4,216

		九月		十月		十一月		十二月		全年共計	
		函	電	函	電	函	電	函	電	函	電
收	情報	3,447	5,161	3,969	4,695	4,302	4,457	4,042	4,819	33,136	64,077
	人事	658	1,344	868	1,018	893	1,137	931	1,107	7,626	13,367
	經濟	250	637	261	616	286	607	291	620	3,185	8,003
	行動	131	134	143	113	118	106	172	109	1,876	1,944
	司法	184	53	96	61	84	47	82	57	1,481	1,161
	電訊	192	1,824	323	1,905	298	2,055	356	2,150	3,765	22,623
	交通	55	81	40	58	38	69		59	763	1,331
	事務		26		23	52	31	129	39	416	824
	其他	16	560	76	460	50	581		503	882	12,289
	總計	4,933	9,820	5,776	8,949	6,121	9,066	6,003	9,463	53,130	125,619
發	情報	200	652	305	601	961	673	863	679	4,598	8,732
	人事	411	1,402	526	1,231	967	1,301	748	1,218	5,569	15,050
	經濟	147	570	237	531	291	503	405	516	2,710	7,125
	行動	91	228	62	217	112	223	115	214	1,059	2,744
	司法	93	102	93	98	82	105	71	96	976	1,123
	電訊	589	1,135	549	1,335	598	1,372	480	1,696	4,904	14,134
	事務	126	90	37	86	89	71	144	69	889	1,218
	交通		37		26	10	31		28	306	615
	其他		337	25	208	18	234		229	722	3,356
	總計	1,657	4,553	1,834	4,333	3,128	4,513	2,826	4,745	21,733	54,147

二、收發文件按月比較圖

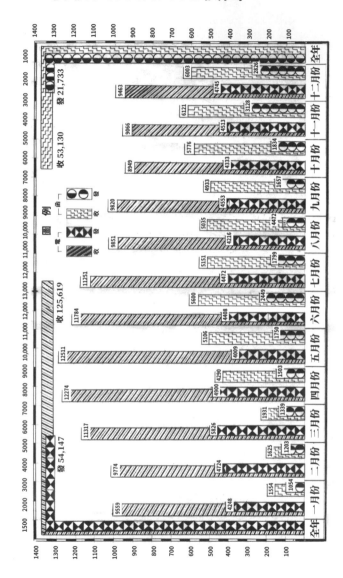

癸、二十九年工作計畫綱要

一、計畫原則

　　凡一工作之推進，事前必須認清自己之任務，明瞭當時之情勢，分晰工作之對象，估計自身之力量，而定一適當可能之計畫，準此鵠的，盡我力量以實施。在實施之中，應隨時注意全般之動態，加以嚴格之督察與詳盡之指導，迨其實施經過告一段落之時，應作細密之檢討，行行重行行，其目的方能達到，任務乃能完成也。查本局二十八年之工作計畫，在於加強敵我軍情之調查，國際情報之開展，敵對我淪陷地區政治之設施，經濟之統制，與漢奸之活動，並後方公務人員之貪污等調查，而於行動方面，則擴大漢奸之制裁，敵方金融、資源、交通之破壞，後方走私之查緝，間諜之防止，貪污之檢舉，反動之鎮壓等。一年以來，實施經過，其成績已有各項之紀錄，毋庸再行陳述，現抗戰已進入最重要階段，外察國際之情勢與敵方之情形，內審國內之狀況與自身之力量，在軍事第一、勝利第一之原則下，本局二十九年之工作，除繼續二十八年所定工作大綱，切實施行，積極推進外，關於組織與人事之調整、督察、考核之加強，訓練之改進，獎懲之厲行，為健全本身刻不容緩之圖。至防諜反間工作之擴大，破壞敵方資源交通，運動偽軍反正，與制裁漢奸，檢舉貪污，防止走私，防範異黨，鎮壓反動行動之加強，均為本局本年工作之重心，須特別努力者也。此外對賢能之調查與保

舉，並全國各機關奉行鈞座命令之調查，在可能範圍
內，亦須引為己任也。本此原則，訂定大綱，謹條陳
鑒核。

二、計畫大綱

（一）人事組織事項

加強及嚴密組織機構

（1）本局內勤組織原照二十七年八月奉准之暫行組織大綱之規定施行，惟因工作日益擴展，業務日益繁複，為期強化領導作用起見，擬就現有組織，略事擴充，以適應現實上之需要，容當另案呈核。

（2）為擴大及加強外勤組織之力量，俾能配合軍事、政治之進展起見，儘量物色富有軍事、政治常識，並有深切路線之人員，擔任通訊工作，並責令各外勤單位負責人，對原有情報人員，注意指導訓練，以期質量之增進。

（3）凡淪陷區域，或較重要地區之組職，仍採雙軌或複線制度，實施非常時期之配備，而電台方面，尤絕對不准與其他工作人員發生橫的關係，以資嚴密。

（4）為完成國軍部隊之調查，在本年上半年，從事以軍為單位聯絡參謀之派遣；在本年內，普遍以團為單位之軍事特約通訊員之佈置。

（5）擴展西北邊疆，及建立菲島、台灣等地之佈置，並加強星洲、安南、緬甸、泰國、香港、澳門等地之工作。

加強考核與督察之工作

（1）重新釐訂考核標準，責成各單位負責人對所屬人員之工作成績、日常生活及思想行動等，隨時嚴

格考核，尤須注意其忠實性。

（2）派遣公正幹員，分赴各重要區站，擔任督察，以加強外勤之考核與督導。

（3）內勤方面之週督察制度，實施以來，尚收相當效果，應再令繼續認真執行。

（二）情報工作事項

軍事方面

（1）加強各地敵軍之增援兵力與傷亡人數，以及敵軍一切動態與靜態之偵察。

（2）加緊偽軍之成份，與兵力及駐地之調查。

（3）加緊各地股匪實力與竄擾情形，及當地軍事機關處置之調查。

（4）擴展我軍各部隊之素質與軍風紀及作戰力量與情緒之調查。

政治方面

（1）加強貪污不法之檢舉。

（2）加強各機關行政效率及奉行政令程度之偵察。

（3）加強邊疆政治經濟，與邊疆民族之調查。

（4）加強走私販毒，及一切非法行動之偵察。

（5）加強中共及其他各黨派活動之偵察，及政治活動份子與各黨各派首要之監視。

（6）加強淪陷地區經濟資源與後方生產建設之調查。

（7）加強嚴密偵察各種偽組織與漢奸，及汪逆精衛與其黨羽之一切活動。

國際方面

（1）擴展國際情報與外電研譯工作。

（2）加強各國在華使領及僑民一切活動。

（3）加強國際間政治、外交一切動態之調查。

（4）加強各國軍備、經濟等一切靜態之調查。

（三）行動工作事項

（1）擴充南京、上海、平津、杭州、開封、廣州、閩南等重要區站之行動力量，加派技術人員，充實行動幹部，破壞敵人軍事設備，軍需糧秣與經濟資源，及鐵路、公路、橋樑等交通建設。

（2）加強擴大漢奸制裁工作。

（3）加派幹員參加偽組織及敵特務機關，或吸收偽組織內部人員，加強反間之進行。

（4）擴展偽軍反正工作。

（5）擴展防諜及中央各軍政機關之防奸工作。

（四）電訊交通事項

（1）建立西安、金華兩支台，以為華北、西北及江、浙、閩、皖、贛各台轉報之樞紐，並在桂林裝置二百瓦大機一架，以應戰時需要。

（2）設立電氣試驗室，從事訓練報務人員修理機器，及秘密建台之學識與技能。

（3）加強間諜電台之偵察與破壞工作。

（4）加強敵方密電之偵收，與密碼之研譯工作。

（5）加強原有交通佈置，並以軍事運輸總監部督察組

為掩護，儘量運用軍用車輛為交通工具。

（6）加強航空交通網，並建立郵車交通網。

（7）恢復平津、青濟、滬杭、京滬、京津、平漢、平
綏各鐵路交通線，並加強津滬、滬港及海防之外
海交通網，以香港為外海交通總站，一面在重要
地點增設掩護商店，為各地交通聯絡站。

三、計畫實施

（1）為實施上項計畫所需人才，除黔陽訓練班第二期軍
事、技術、電訊、會計四組學生七百五十七名，蘭
州訓練班，第二期國內情報、邊疆情報、俄文情
報、警政、電訊等五組學生共三百五十五名，外
事訓練班學生一百零八名，諜報人員訓練班學生
一百四十七名，特種技術人員訓練班學生六十一
名，特種偵察訓練班學生二十名，仰光特別訓練班
學生十四名，已先後畢業分發工作外，尚有黔訓班
第三期學生五百名，蘭訓班第三期學生四百名，諜
訓班二期學生二百五十名，仰訓班第二期學生二十
名，亦於本年內陸續畢業，足資分派。

（2）關於電訊人材，則擬於本年內借用公開名義設立
電訊班，招收高中畢業學生，分機務、報務兩
組，施行訓練，務於本年內造成技術精良、精神
振作、思想純正電務人員五百名，以資補充。

（3）統一全國郵電檢查，切實改進。

（4）確實掌握人民動員委員會，運用海內外會幫之優
秀份子，作情報與行動之活動。

（5）在可能範圍內，擬請鈞座准予擴展各省市警察機
關之掌握。

（6）本局因時勢之需要，工作之開展，不得不擴大訓
練，訓練之成份，由同志介紹者有之，由戰幹團
調訓者有之，用國際宣傳處（外事訓練班）或
軍令部（無線電訓練班）名義招收者有之，未經

詳細之考核，外圍之訓練，而令其遞受特務之訓練，參加核心之工作，當此中共儘量發展組織吸收黨員之時，難免不乘機混入，殊深危險。而三民主義青年團組織處，與中央軍校各分校，及軍校畢業生調查處、中央警校等部份，對於本局甚少聯繫。本局之工作人員，不能由上列黨的組織與黨的訓練機關，選取優秀成份，加以特務之訓練，而使其參加革命前衛之工作，甚為缺憾。為鞏固特務組織，使無內顧之憂計，擬請鈞座准予本局派員參加三民主義青年團組織處，及軍校畢業生調查處工作，於中央軍校及各分校，並中央警校，每屆畢業之學生中准予挑選優秀份子，加以特務訓練，為本局基幹之用。

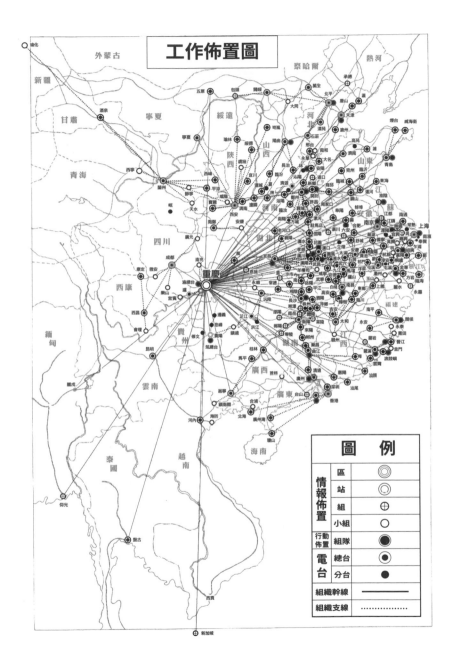

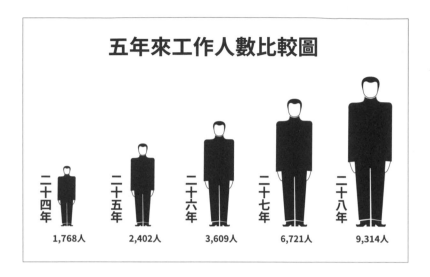

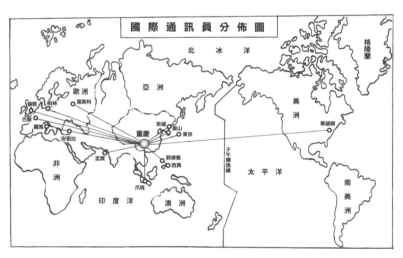

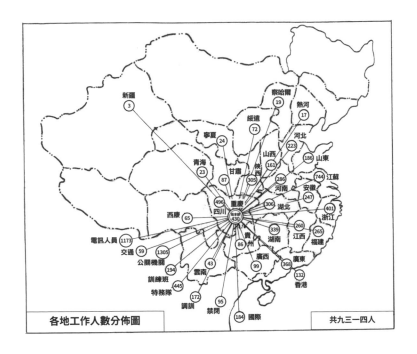

各地工作人數分佈圖　　　　共九三一四人

民國史料 53

諜報戰：軍統局特務工作總報告（1939）

General Report of Special Intelligence of the
Bureau of Investigation and Statistics, 1939

主　　編　蘇聖雄
總 編 輯　陳新林、呂芳上
執行編輯　林弘毅
封面設計　溫心忻
排　　版　溫心忻

出　　版　開源書局出版有限公司

香港金鐘夏愨道 18 號海富中心
1 座 26 樓 06 室
TEL：+852-35860995

民國歷史文化學社 有限公司

10646 台北市大安區羅斯福路三段
37 號 7 樓之 1
TEL：+886-2-2369-6912
FAX：+886-2-2369-6990

http://www.rchcs.com.tw

初版一刷　2021 年 5 月 30 日
定　　價　新台幣 380 元
　　　　　港　幣 103 元
　　　　　美　元　15 元
I S B N　978-986-5578-23-7
印　　刷　長達印刷有限公司
台北市西園路二段 50 巷 4 弄 21 號
TEL：+886-2-2304-0488

國家圖書館出版品預行編目 (CIP) 資料
諜 報 戰：軍 統 局 特 務 工 作 總 報 告 (1939) =
General report of special intelligence of the
bureau of investigation and statistics 1939/ 蘇
聖雄主編 . -- 初版 . -- 臺北市：民國歷史文化學
社有限公司 , 2021.05

　　面；　公分 . -- (民國史料 ; 53)

ISBN 978-986-5578-23-7 (平裝)

1. 國民政府軍事委員會調查統計局

599.7333　　　　　　　　　　110006151